L'ENSEMENCEMENT

ET LA CULTURE,

RENDUS PLUS SIMPLES, PLUS ÉCONOMIQUES

ET PLUS PRODUCTIFS,

AU MOYEN DU SEMOIR ET DU SARCLOIR BARRAU,

Par P.-B. Barrau, de Toulouse,

FONDATEUR ET DIRECTEUR DES SOCIÉTÉS D'ASSURANCE MUTUELLE CRÉÉES A TOULOUSE EN 1800, CONTRE LA GRÊLE, L'INCENDIE ET LA MORTALITÉ DES BESTIAUX, AUTEUR DU TRAITÉ DES ASSURANCES, OU MANUEL DES PROPRIÉTAIRES DE TOUTES LES CLASSES, BREVETÉ D'INVENTION ET DE PERFECTIONNEMENT.

PRIX : 75 CENTIMES.

PARIS,

Chez l'Auteur, rue Neuve-des-Petits-Champs, n. 20,

L. GUILLEMIN FILS, PALAIS-ROYAL, 164, GALERIE DE VALOIS,

Et DELAUNAY, Libraire, Palais-Royal, Péristyle Valois.

MAI — 1833.

FIGURE 1re.

Semoir à 1 tube.

FIGURE 2e.

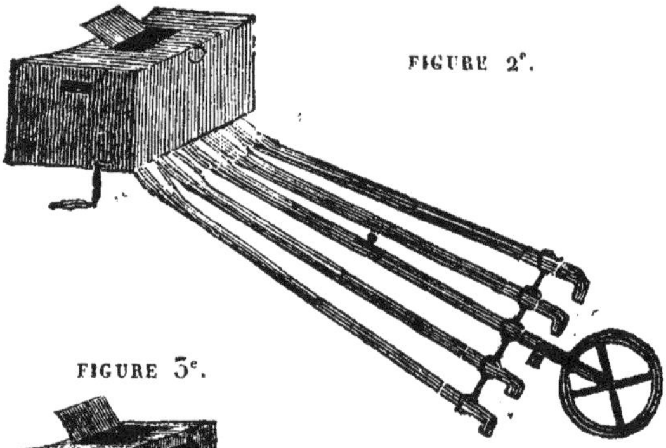

Semoir à 5 tubes.

FIGURE 3e.

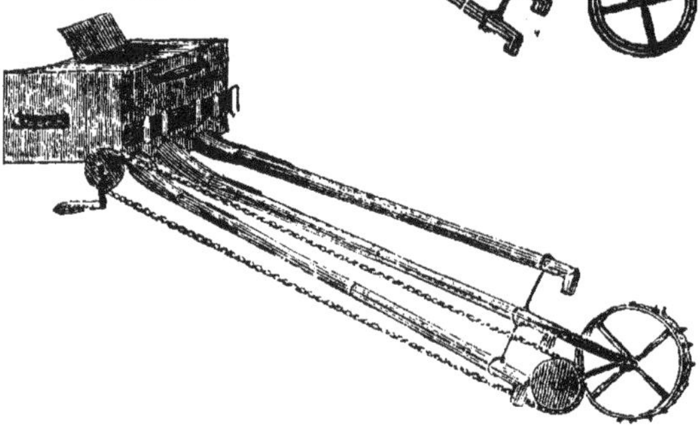

Semoir à 5 tubes.

FIGURE 4e.

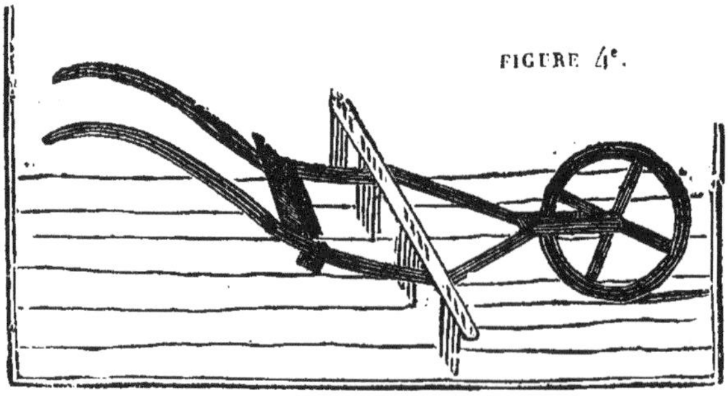

Sarcloir.

ÉCHELLE DE SIX PIEDS.

L'ENSEMENCEMENT

ET LA CULTURE,

RENDUS PLUS SIMPLES, PLUS ÉCONOMIQUES

ET PLUS PRODUCTIFS,

AU MOYEN DU SEMOIR ET DU SARCLOIR BARRAU.

Après les nombreuses publications que j'ai livrées à MM. les agriculteurs, touchant mon Semoir, depuis 1829, date de mon brevet d'invention, et après la sixième, datée du 3 février dernier, je viens leur rendre compte des résultats de la récolte de 1832, la troisième que j'ai obtenue à la barrière de l'Étoile et à la Chapelle-Saint-Denis, sur des champs de la plus médiocre qualité, dans trois années consécutives, sans repos ou jachères et presque sans dépense en fumier ou autres engrais.

Je soumettrai aussi à mes lecteurs quelques nouvelles observations sur mon système d'ensemencement, sur mes sarclages et sur les conséquences de ce que je crois pouvoir appeler ma culture.

J'avais rassemblé déjà des matériaux pour un volume d'une certaine importance que je m'étais proposé de faire imprimer; mais considérant que par le temps qui court, les ouvrages de longue haleine sont très-peu lus, à moins qu'ils ne traitent de la politique, ou qu'ils ne racontent l'histoire de quelque héros de roman, je laisse là mon gros manuscrit et je me borne à une publication de moindre étendue, qui sera la septième, peut-être même la dernière, car je me suis efforcé d'y faire entrer tout ce qui m'a semblé bon à dire sur la matière, au risque de tomber dans des répétitions pour lesquelles je réclame un peu d'indulgence.

Cette publication est destinée, non-seulement à ceux qui ont déjà de mes instrumens et à ceux qui en voudront désormais, mais aussi aux agronomes, aux agriculteurs et à tous ceux qui aiment leur pays. Je leur dirai d'abord comme je le dis en 1815, lors de l'impression de mon traité des assurances mutuelles, ne cherchez pas ici les agrémens du style, mon seul objet est de propager, dans l'intérêt de mes concitoyens, les heureux résultats de vingt-sept années d'observations et de travaux soutenus; je n'ai pas d'autre prétention (1).

C'est un fait constant; il y a quarante ans que la population augmente en France et cependant l'agriculture reste stationnaire, du moins sous le rapport de l'ensemencement et des quantités qu'on en retire; c'est toujours, terme moyen, le sixième des grains récoltés qu'on rend à la terre pour en obtenir encore des produits trop précaires et qui ne passent pas deux cent millions d'hectolitres. Si dans quelques contrées l'on récolte 10 mesures pour une de semence, il y en a bien plus où le cultivateur est content quand il en obtient cinq pour une, surtout en froment, et dans ces dernières on ne fait récolte que de deux ans l'un.

Les avertissemens des économistes ont été jusqu'à présent infructueux pour changer cet ordre de choses si peu rassurant; j'ai cru en avoir trouvé le moyen et je l'ai livré à mon pays.

La routine cette ennemie implacable de toute amélioration, s'efforcerait vainement de paraliser mon zèle : la persévérance surmonte tous les obstacles. Déjà j'ai obtenu le prix de cette persévérance dans une autre entreprise, tentée dans les mêmes vues d'utilité publique. Il y a trente-deux ans que je fondais à Toulouse les premières institutions de mutualité, et, malgré des contrariétés de toute espèce, malgré les sacrifices auxquels je fus condamné, mon but a été rempli : Dans ce moment, à peu près toutes les maisons et une grande partie des récoltes sont garanties réciproquement contre l'incendie, ou contre la grêle, laquelle comme on la dit, n'est plus un fléau quand on est assuré. Mon système ne s'est pas arrêté là ; les artisans ont formé des sociétés mutuelles où ils trouvent des ressources contre l'adversité et des secours pour leur vieillesse ; enfin, ainsi que je l'avais prédit dans mes écrits, en proclamant la puissance de l'esprit d'association, l'on applique la mutualité aujourd'hui à tous les événemens redoutés, même aux chances à courir pour le recrutement de l'armée, ainsi s'est vérifié cet axiôme qui fut ma devise dès l'an 1800 ; « Un sinistre dont les conséquences « sont réparties sur plusieurs intéressés, perd en intensité, ce qu'il gagne « en étendue. » (*Voir* le *Moniteur* du temps, et le *Traité des Assurances*, page 518.)

Qu'on me pardonne cette remarque, elle n'est pas hors de propos lorsque tant de personnes qui dirigent des sociétés d'assurances mutuelles, soit contre la grêle soit contre l'incendie, ou qui, à d'autres titres ont joui et jouissent des avantages de ces institutions, ignorent ou taisent du moins, jusqu'au nom de celui qui leur consacra la moitié de sa vie et toute sa fortune. Je reviens à mon sujet actuel : Les assurances mutuelles marchent désormais sans qu'il soit nécessaire que je m'en occupe davantage. Le fameux, *sic vos, non vobis* dont on m'a fait plusieurs fois l'application, même du haut de la tribune de la Chambre des Députés, ne me décourage pas. Il n'y a que les bonnes choses qui excitent l'émulation ou l'envie, que l'on prend, que l'on imite, ou que l'on contrefait (2).

On a dit que la pierre philosophale de l'agriculture serait *de semer peu et de recueillir beaucoup*, et qu'il n'y avait qu'un semoir simple et peu coûteux qui put produire ce phénomène ; mais les semoirs, que l'on connaissait jusqu'à ces derniers temps, étaient d'un prix trop élevé pour être mis à la portée des cultivateurs en général ; d'ailleurs, compliqués et d'un difficile emploi, ils se détraquaient très-aisément et le mécanicien qui aurait pu les réparer, ne se trouvait guère au milieu de la campagne, aussi ne voyait-on des semoirs mécaniques que dans les salles des musées et sous les remises des agronomes opulens qui ne pouvaient les utiliser, après en avoir fait la dépense. (Voir *Voltaire*, *Dictionnaire philosophique : Agriculture*). (3)

Est-il étonnant, d'après cela, que l'usage routinier de jeter les semences à pleines mains, se soit perpétué jusqu'à présent ? Pourtant on sait fort bien qu'il n'est pas nécessaire de couvrir la terre de grains pour avoir de bonnes récoltes. On n'ignore pas le vieux proverbe : « *Semer dru, c'est vider deux fois* » *son grenier.* » On sait aussi qu'un grain de blé placé isolément et convenablement, peut produire et produit en effet, au moins de 16 à 20 tiges et autant d'épis qui n'ont pas moins de 20 à 30 grains chacun, ce qui revient à environ 300 grains, et que dans l'hectolitre il en entre, terme moyen, ainsi que je l'ai vérifié, 2,100,000. N'est-il pas évident enfin pour tout le monde que la terre, sans aucun soin, sans aucune espèce de culture, se couvre annuellement et incessamment de plantes plus ou moins vigoureuses ? Les bords des chemins, les forêts, les terrains vagues, les prairies... et ces herbes parasites qui naissent, se reproduisent et se perpétuent malgré nous à travers les blés, etc., le démontrent assez, et prouvent que la terre n'attend pas que l'homme la travaille pour produire. Telle fut, au reste, sa destination dans l'organisation de cet univers ; chargée du soin de nourrir les hommes et les animaux qui vivent sur sa surface, elle remplit pendant des siècles sa mission sans aucun secours de la part de ces êtres qui ne lui demandaient que ce qu'elle leur offrait spontanément. Les peuples nomades en retracent encore l'exemple ; mais les hommes, devenus plus nombreux, s'étant réunis en grandes sociétés, ne purent ou ne voulurent plus se contenter de ce que la mère commune leur livrait sans travail : incapables cependant de rien créer d'eux-mêmes, ils s'emparèrent des productions de la nature, choisirent celles qui leur semblèrent les plus analogues à leurs besoins; ils les modifièrent, les acclimatèrent... Et c'est ainsi que commença l'agriculture, simple, grossière d'abord et parvenue avec le temps au point d'être l'art le plus essentiel, le plus indispensable, le plus digne de la protection et des encouragemens des gouvernemens qui savent se pénétrer des véritables intérêts des nations.

L'homme s'empara donc de la terre pour la façonner à son gré et la contraindre à produire ce qu'il crut le mieux lui convenir. Mais il ne changea pas sa destination primitive et nécessaire; et nous la voyons, comme je viens de le dire, accomplir cette destination, aussitôt qu'elle est rendue à elle-même et que la main de son tyran ne la contrarie pas dans ses œuvres incessantes et périodiques; elle produit, secondée par l'atmosphère, qui répand sur elle ses influences fécondantes.

Que reste-t-il à faire à l'homme? Il n'a plus qu'à se rendre maître des dispositions naturelles de cette terre; il lui suffit de la forcer à ne donner qu'à lui, qu'aux plantes qu'il lui confie les sucs nourriciers renfermés dans son sein, ou à les y conserver jusqu'au moment où il les lui demandera pour ces plantes, objet précieux de sa culture.

Ne craignons donc pas que la terre se refuse à produire par suite d'un épuisement prétendu. Partout et toujours, à moins de quelques circonstances très-rares et dont on peut aisément se rendre raison, elle récompense les soins et les travaux du laboureur attentif et diligent. Attachons-nous seulement à alterner ou assoler avec ordre, c'est-à-dire à varier, à changer à propos, les productions que nous voulons en obtenir, en choisissant les plus appropriées au sol et au climat.

C'est par de semblables considérations, longtemps méditées, comme aussi par le désir d'améliorer la condition des producteurs, et des consommateurs, ainsi qu'on peut le voir dans mon traité des assurances, que j'ai été guidé dans la conception de mon semoir et dans les procédés de ma méthode d'ensemencement et de culture (4).

Mon semoir, même après les augmentations et les perfectionnemens qu'il a reçus, est simple, au point qu'avant de l'avoir vu, on s'en fait difficilement une idée; j'en trouve souvent la preuve dans les lettres qui me sont adressées. Il est si peu coûteux, que le prix, même de celui à un seul tube, est regagné le premier jour que l'on s'en sert, au moyen de l'économie des deux tiers de la semence (5). Il est à l'abri des influences de l'atmosphère et de la maladresse des ouvriers qui ont, d'ailleurs, du plaisir à le porter. Son emploi n'entraîne aucun travail préparatoire particulier ou difficile, ni dépense extraordinaire, puisqu'il fonctionne dans tous les pays sur la terre, telle qu'elle se trouve après ou pendant la dernière façon donnée par le laboureur; il sert pour les graines les plus petites et les plus grosses, depuis la carotte, le colza, jusqu'aux fèves, jusqu'aux glands, aussi bien dans les mains des hommes les moins intelligens que dans celles des femmes et des enfans; ensorte que les bons semeurs ne seront plus si rares. Il convient enfin aux terres les plus mauvaises, comme aux meilleures (6).

Mon semoir dépose spontanément tous les grains en traînées dans les augets, c'est-à-dire dans les intervalles creux des rayons entre un pouce et quatre pouces au-dessous de la surface du sol, condition la plus favorable pour la germination, la végétation et la circulation de l'air, hors des atteintes des oiseaux, surtout des pigeons, quelle que soit l'impétuosité des vents pendant l'ensemencement et presque avec la même régularité qu'on le ferait au plantoir ou au doigt, si cela était praticable. Ces mêmes grains sont couverts avec la charrue, ou le rateau, ou la herse, selon les usages des pays, soit que l'on sème en sillons ou billons ou en planches de 10 à 40 traits de charrue. Par lui le semeur n'est plus incommodé de la poussière des blés chaulés. C'est ainsi qu'avec le tiers de la semence usitée jusqu'ici, on obtient des produits plus abondans et supérieurs en qualité à ce qu'on obtenait par l'ensemencement routinier. Trois récoltes de céréales, ramassées depuis les semailles d'octobre 1829 jusqu'à ce jour, sur les mêmes champs, en trois années consécutives, sans repos ou jachères, prouvent tout ce que j'avance, et démontrent surtout qu'on se trompe quand on pense que ces jachères sont indispensablement nécessaires. Si mes pailles sont plus grosses, elles sont aussi plus longues. Si les bestiaux ne peuvent pas les manger en totalité, la partie supérieure, toujours assez tendre, équivaut, sous le rapport de la nourriture, aux pailles communes, et l'excédant sert pour la litière, a moins que l'on ne se procure un hache-paille, au moyen duquel tout se consomme facilement.

Après ces idées générales sur ma culture, voici les résultats obtenus cette dernière année. Le champ de la Chapelle-St.-Denis contenant 75 perches, à 18 pieds pour perche (moins du tiers d'un hectare), où il fut mis 28 litres de blé, a produit 225 gerbes qui ont donné 8 hectolitres ou 800 litres, plus de 27 mesures de récolte pour une de semence. Ce blé, ainsi que celui ci-après, fut surpris par la chaleur de 28 degrés, qui survint au commencement de juillet. Sans cet accident, les 225 gerbes, au dire des cultivateurs, auraient rendu encore dans une plus forte proportion.

Sur le champ de la barrière de l'Étoile, d'une contenance de 86 perches, aussi de 18 pieds pour perche, il a été récolté 243 gerbes, dont le rendement a été de 10 hectolitres un quart ou 1025 litres; il avait été semé dans ce dernier champ, aussi en octobre 40 litres de blé; proportion 26 mesures de récolte pour une mesure de semence.

On a vu dans mes autres publications, les résultats des années précédentes où les produits sont parvenus, terme moyen, jusqu'à 33 mesures pour une, et ceux de quelques autres ensemencemens pratiqués sur d'autres pièces de terre. Ces résultats ayant été les mêmes, j'ai cru pouvoir me borner à ceux qu'on vient de lire, où ma méthode a été suivie régulièrement sous mes yeux. Ces faits sont authentiques; ils sont attestés par les cultivateurs des communes dont il s'agit, et rapportés par l'*Écho des Halles et Marchés de Paris*, des 2 et 9 septembre 1830; au reste ces résultats n'ont pas eu lieu dans un coin reculé de la France, et dans une terre privilégiée. J'ai opéré aux barrières de Paris, sur un sol des plus légers, sur les bords des promenades les plus fréquentées de l'Europe, et tout le monde, après avoir vu mettre les grains en terre, a vu les belles récoltes qui en sont provenues, malgré les dégats des ravageurs de nuit et des promeneurs qui, pour cueillir un coquelicot, n'hésitent pas à faire périr des épis innombrables (7).

Admettons maintenant, d'après les divers économistes, que le terme moyen des produits des terres, consacrées en France aux céréales, soit annuellement aujourd'hui de 200 millions d'hectolitres (8). Dans l'état actuel de la culture, il s'en emploie le sixième, ou 33,333,333 pour l'ensemencement d'un nombre à peu près pareil de demi hectares ou d'arpens, grande mesure, qui se fait après la récolte, reste pour la consommation 166,666,667 hectolitres.

Avec mon procédé, et au moyen de la suppression d'une grande partie des jachères, le nombre des arpens produisant des céréales, sera augmenté d'un tiers ou plus, et dès-lors les quantités récoltées s'élèveront à 266,666,666 hectolitres. Or, les quantités à reprendre pour les semences, n'étant que le 18e. au lieu du 6e., il suffira de 14,814,814 hectolitres, et il restera pour la consommation 251,851,852 hectolitres. Voilà déjà des résultats immenses! Que sera-ce si nous ajoutons seulement un sixième au produit des mêmes terres, c'est-à-dire, que ce produit soit de 7 au lieu de 6 par an? Dans ce cas qui n'aura rien d'extraordinaire, d'après ce que j'ai obtenu pendant trois années consécutives, la totalité des récoltes se portera à 311,111,110 hectolitres, et alors les moyens de subsistance seront tels dans notre belle France, qu'on n'y craindra plus des crises semblables à celles de 1816, 1817 et 1828.

A l'âge où je suis parvenu, je ne me flatte pas de voir mon plan entièrement réalisé. Il n'en sera pas de mon système de culture comme de celui de la mutualité qui remonte à 1800, et auquel je me livrai dès mes plus belles années (9). Quoi qu'il en soit, j'aurai fait tout ce qui dépendait de moi pour améliorer la condition des producteurs et celle des consommateurs, et quand l'heure du repos sonnera pour moi, ma tâche sera remplie.

De même qu'on a vu les résultats que je me suis proposés, on a pu pressentir déjà comment je suis parvenu à obtenir trois récoltes consécutives en céréales des mêmes champs, et comment j'ai été autorisé à confier encore, en octobre dernier, du blé et du seigle aux mêmes terres qui viennent de me donner du froment, sans recourir à des engrais dispendieux et souvent trop rares. Or, notons bien que cette quatrième récolte est dans l'état le plus satisfaisant.

Je dois déclarer qu'à la barrière de l'Étoile, où le sable domine, les parties, soit en seigle, soit en blé, fumées avec la poudrette et l'engrais dit *de Lainé* sont beaucoup moins belles que celles où j'ai mis un peu de fumier sortant de l'écurie. Quant au champ de La-Chapelle-Saint-Denis, qui fut fumé en entier avec du fumier ordinaire, le blé y est superbe.

Les traînées de mes grains se trouvant placées à 7, 8 ou 9 pouces de distance, plus ou moins les unes des autres, il reste malgré le tallement considérable, qui passe souvent 30 épis pour un seul grain, un intervalle de 5 ou de 6 pouces entre les lignes des tiges à l'époque du sarclage. En sarclant les herbes parasites, je débarrasse d'autant la terre qui, n'ayant plus à fournir ses sucs qu'aux bonnes plantes, s'effrite, s'use beaucoup moins, et profite de toutes les influences atmosphériques. Lorsque la récolte a été enlevée, je profite du premier temps convenable pour donner transversalement un coup de charrue, suivi d'un coup de herse, et la terre, dont une partie est restée à peu près vierge, étant ainsi mêlée, je dispose, quand le temps en est venu, le champ pour les semailles d'octobre ou de mars.

Il est si bien reconnu que les herbes parasites effritent la terre au moins autant que la plupart des plantes cultivées, que plusieurs agriculteurs m'ont déclaré qu'ils semaient dru afin de ne pas laisser de place à ces mauvaises herbes. Il me semble qu'il vaut mieux laisser le blé dans les greniers que de l'employer ainsi en pure perte, lorsqu'il est possible d'obvier à l'apparition de ces herbes ou de les détruire à peu de frais. On ne peut se dissimuler d'ailleurs que les sarclages, surtout s'ils sont répétés jusqu'à ce que les blés soient en tuyaux, équivalent, en grattant la terre, à un léger fumage, et qu'ils lui rendent en grande partie ce qu'elle fournit aux bonnes plantes clair-semées ou disposées en rayons, comme elles le sont dans ma méthode (10). N'est-ce pas aux sarclages, aux binages, qu'il faut attribuer les belles récoltes en céréales qui remplacent les pommes de terre, les betteraves?.....

On parle beaucoup de fermes modèles; les établissemens de cette espèce qui existent déjà ont coûté des sommes énormes à leurs fondateurs, et il est bien douteux que leurs efforts profitent, même aux cultivateurs qui sont les plus voisins de ces exploitations. Les spéculations scientifiques de la théorie sont trop compliquées, elles ont souvent trop peu de rapport avec les travaux de la pratique, pour inspirer la confiance nécessaire aux simples laboureurs. Ceux-ci ne veulent pas courir les chances des innovations dispendieuses, au risque de mettre en péril les résultats accoutumés de leu routine, quelques modiques qu'ils soient (11).

Dans mon système, bien loin d'appeler des capitaux, d'exiger des sacrifices de première mise, je commence par des économies suivies immédiatement de produits plus importans.

Plusieurs sociétés d'agriculture ont demandé mon semoir, même avant qu'il ne fût perfectionné. Si le plus grand nombre de ces réunions, si les comités et les comices d'agriculture adoptaient la même mesure, mon but serait rempli sans peine et sans frais, puisque chacune des exploitations rurales où se trouveront mon semoir et mon sarcloir, dont je parlerai bientôt, deviendrait promptement, j'ose le dire, sinon une ferme-modèle, du moins une ferme perfectionnée.

Revenons à mon semoir, tel qu'il est aujourd'hui, et à la manière de s'en servir; je m'occuperai plus loin du sarcloir.

Le semoir se divise, comme par le passé, en deux parties:

1°. La caisse où l'on met la broche-brosse et la semence. Sur le devant de cette caisse, une anse facilite au semeur le moyen de fixer avec une main l'instrument devant lui; sur les deux côtés sont encore deux anses pour attacher ou laisser passer la courroie qui doit supporter le poids du semoir et le maintenir. Le derrière de la caisse est contourné en arc pour qu'elle se place mieux devant le semeur. Une petite porte pratiquée dans le haut de la caisse a fait cesser la difficulté que l'on éprouvait, après l'ensemencement terminé, à en retirer le résidu de la semence, ou à changer l'espèce de cette semence. Du bas de la caisse, partent les bouts des tubes, lesquels doivent recevoir les prolongemens dont il sera ultérieurement parlé. Il y a un ou 3 ou 5 bouts, selon que le semoir est à 1 à 3 ou à 5 tubes. La capacité de la caisse est proportionnée au nombre des tubes; elle contient, 1° pour 1 tube 6 litres; 2° pour 3 tubes 12 litres; 3° pour 5 tubes 15 litres. C'est autant qu'il en faut pour semer pendant 40 minutes, terme moyen.

Le prolongement de ces tubes, qui se mettent et s'ôtent à volonté, constitue, avec leurs accessoires, la seconde partie de l'instrument.

A l'extrémité du prolongement du tube, unique, ou central, s'il y en a plusieurs, s'adapte une chappe en fer et une roue. Quand les deux portions de ce tube sont ajustées ensemble, on pousse le verrou qui se trouve dessus pour empêcher le ballottage de la roue. Tous les tubes se terminent par un petit bout coudé.

Les tubes des côtés, c'est-à-dire, ceux qui accompagnent celui du centre, où est la roue, sont garnis à l'endroit de leur jonction de goussets allongés, et peuvent, par un simple tour de main, en dedans ou en dehors, verser la semence plus près ou plus loin du tube central; ce qui permet de suivre les rayons n'importe leurs irrégularités.

Le tube du centre supportant le poids de la semence et de la roue en fonte de fer qui se trouve à son extrémité, je le soulage au moyen d'une tringle de gros fil de fer ayant 3 ou 5 colliers ou anneaux, selon l'espèce de semoir. Pour m'en servir, voici ce que je fais:

Après avoir passé les tubes dans les colliers, je les ajuste aux bouts soudés de la caisse. Ces colliers étant d'un diamètre un peu plus grand que les tubes, ces derniers y entreront par le bout supérieur, et la tringle descendra assez pour que les trois ou cinq tubes ainsi liés ensemble se prêtent un mutuel appui. Cette disposition n'empêche pas de faire tourner les tubes latéraux, quand il faut rapprocher ou éloigner les unes des autres, les traînées de grains à leur descente dans les rayons.

Tel est l'ensemble du semoir. Malgré tout ce qui avait été fait pour son perfectionnement jusqu'au 3 février 1832, date de ma sixième publication, l'instrument laissait encore quelque chose à désirer.

Les changemens et les améliorations dont je vais rendre compte, sont les fruits de mes propres remarques ou des observations de quelques agriculteurs éclairés qui s'en sont occupés avec un zèle dont je leur exprime ici ma reconnaissance.

Premièrement, les crins de la brosse, qui étaient seulement passés dans les trous de la tige de fer, venant à s'user ou à s'arracher, l'on ne savait pas en introduire de nouveaux, quoique rien ne soit plus aisé. En effet; il suffit de prendre des crins et d'en former un petit paquet ou pinceau, que les brossiers appèlent loquet : on les lie par le petit bout avec un fil très-fin ou un brin de filasse, on enfile ce pinceau par le petit bout formant pointe et l'on tire avec force, même avec des pinces ou des tenailles. Ensuite l'on coupe les bouts sortants à la longueur requise et la brosse est rétablie.

Aujourd'hui cet inconvénient n'existe plus. Les crins de la brosse sont implantés et fixés avec la poix dans des cylindres de bois percés à plusieurs trous tout autour, et traversés dans leur longueur par la tige de fer sur laquelle ils sont retenus par des goupilles.

Secondement, les ouvertures par où les grains et les graines descendaient dans les tuyaux ou tubes, ne restaient pas toujours au même point et il passait quelquefois plus de grain dans un tube que dans les autres.

Aujourd'hui tous les passages s'ouvrent et se ferment en même temps et avec la même précision, au moyen d'une seule lame horisontale, qui court en coulisse dans l'intérieur de la caisse, au-dessus des ouvertures, et la descente des grains, entièrement régularisée, n'est sujette à aucune variation accidentelle. De cette manière, j'ai pu supprimer la boîte qui était adaptée au-dessous et en dehors de la caisse et placer la broche dans la caisse même. Cette suppression de la boîte, en simplifiant le semoir, à augmenté considérablement sa solidité; enfin par un meilleur choix des matières et une plus grande précision dans sa confection, l'instrument est désormais à l'abri des dégradations auxquelles il pouvait être exposé jusqu'à présent (12).

Depuis la suppression de la boîte qui retenait dans ses angles une certaine quantité de grains, lesquels, par intervalles, tombaient par petits tas, les tubes adhérant immédiatement à la caisse, reçoivent les grains aussitôt qu'ils ont échappé à la brosse qui les a forcés de passer et les conduisent directement dans les rayons avec la plus minutieuse précision, quant à la quantité et à la régularité des trainées, surtout si les tubes sont suffisamment inclinés et si l'on a l'attention de tenir assez de semence dans la caisse pour que les brosses en soient suffisamment couvertes.

Sur la coulisse, de petits trous indiquent ce qu'il faut en faire sortir pour le passage des divers grains ou graines comme suit :

Au premier trou. Le passage est ouvert d'une ligne de largeur à peu près pour les graines fines, colza, trèfle, luzerne, carotte.....

Au deuxième trou. Il est ouvert de deux lignes pour les blés fins, le seigle, le sainfoin....

Au troisième trou. De trois lignes pour les blés gros, l'orge l'avoine, les pois, les betteraves....

Au quatrième trou. Le passage est ouvert de quatre lignes pour le maïs, les haricots, les féverolles....

Au cinquième trou. De cinq lignes pour les fèves.... en tirant un peu plus on pourrait semer les glands du chêne.

Au sixième trou. Tout le passage est ouvert autant qu'il peut l'être.

La coulisse peut se tirer entièrement, l'on observera cependant de n'user de cette faculté qu'avec précaution et pour un cas extraordinaire, par exemple, celui d'un engorgement de poussière dans les coulisseaux, qui nuirait momentanémemt au jeu de ladite coulisse.

Les ouvertures du fond de la caisse et celles pratiquées sur la coulisse, sont semblables et n'ont que 9 lignes, ainsi l'on aurait tort de la faire sortir sans besoin au-delà des proportions nécessaires pour le passage des diverses semences.

Malgré toute l'attention que j'apporte à faire confectionner mes outils avec le plus d'exactitude possible, il arrivera quelquefois que dans le semoir à plusieurs tubes, l'un des passages laissera tomber plus ou moins de semence que les autres. Si cet inconvénient ne provient que de ce qu'il ne reste pas dans la caisse assez de semence pour que toutes les parties de la brosse en soient couvertes, c'est le cas de faire usage de la réserve que le semeur porte avec lui dans un petit sac ou dans son tablier relevé, en attendant qu'il soit arrivé à l'extrémité du champ où il renouvellera sa provision.

Quelquefois la juste proportion qui doit se trouver entre la grandeur de toutes les ouvertures de la coulisse, aura été dérangée par quelqu'accident. Dans ce cas réglez-vous pour toutes ces ouvertures, sur celle qui donne le moins, en tirant la coulisse un peu plus qu'il ne faudrait pour les autres. Ne craignez pas de mettre trop de semence dans quelques rayons, l'essentiel c'est de n'en laisser aucun qui ne soit assez garni; l'économie de la semence pour tout le champ sera encore assez considérable, comparativement à ce que vous auriez employé en semant à la volée.

La broche-brosse se divise en deux parties; savoir, la tige qu'on introduit dans la caisse par la porte supérieure, et la manivelle qui est garnie d'un manche de bois roulant et qui s'adapte ensuite à l'un des bouts sortant et se fixe au moyen d'une clavette. On empêche la brosse-broche d'aller et de venir dans le corps de la caisse au moyen d'une chevillette en fil de fer qui se place dans un trou de la tige opposé à la manivelle, après l'introduction de la broche dans ladite caisse.

L'on ne trouvera pas, je l'espère, étonnant que mon semoir ait encore exigé ces améliorations, si l'on considère que tous les ans on travaille à perfectionner la charrue elle-même, inventée depuis tant de siècles! (Voir plus loin la note sur la charrue Grangé).

Tel qu'il est même aujourd'hui, je n'ai pas la prétention de le croire exempt de toute critique. Est-il jamais sorti rien de parfait de la main de l'homme! Bien loin donc de considérer mon semoir comme fini et remplissant complètement, d'hors et déjà, toutes les conditions que je me suis imposées en annonçant un outil simple, économique, manuel, expéditif et surtout peu coûteux, je recevrai avec reconnaissance les observations qui me seront adressées, et je promets d'y avoir égard, pourvu qu'elles ne soient pas de nature à renverser mon système, et à augmenter les prix de mes instrumens au point d'en interdire l'usage à la généralité des cultivateurs, c'est-à-dire, aux masses les plus nombreuses, qui ne peuvent entreprendre des améliorations qu'avec la plus grande économie.

A cette occasion je puis annoncer avec confiance que mon sarcloir à dents mobiles, publié dans le *cultivateur*, journal des progrès agricoles, cahier de septembre 1832, et dans le *Guide du Métayer*, par M. de Rainneville. je puis annoncer, dis-je, que ce sarcloir infiniment plus simple par sa nature et par sa destination, n'exigera pas les modifications dont le semoir a été susceptible. On en jugera par la description qu j'en donnerai ci-après.

On a vu que la caisse des divers semoirs contient de la semence pour 40 minutes environ d'ensemencement. Pour obvier à tout accident, le semeur portera dans un petit sac suspendu en forme de gibecière, une certaine quantité de grains, afin d'en pouvoir mettre dans la caisse avec la main d'épicier, au milieu de sa course, si la longueur de la raie outrepassait une certaine mesure, et pour arriver ainsi sans perdre de temps, aux sacs de provision, qui sont placés à l'une ou aux deux extrémités du champ.

La caisse étant remplie de grains, passez autour du cou la courroie qui doit, avec la roue d'en bas, en supporter le poids. Contenez, avec une main, le semoir à son anse; de l'autre main prenez la manivelle de la broche et marchez dans le rayon où passe la roue. La manivelle tournant, la semence descendra plus ou moins dru, selon que le mouvement de rotation sera plus ou moins accéléré. La règle à peu près la plus générale, s'il s'agit du blé, c'est que quatre ou cinq tours de la broche fassent descendre sur une ligne de 6 à 7 pieds, ou de la longueur de trois pas d'un homme de moyenne taille, de 120 à 150 grains, selon les qualités (13). Afin que l'ensemencement soit plus régulier, l'on devra observer de tourner la broche uniment et non par saccades, si ce n'est pour les betteraves, etc., qui demandent à être espacées.

Dans les pays où l'on sème en sillons ou billons et où l'on couvre les grains avec la charrue, le semoir à un tube est suffisant. En effet, le grain qui vient d'être déposé dans une raie, est recouvert immédiatement après par la terre que la charrue soulève et renverse en traçant la raie suivante.

Là, dans l'état actuel du semoir à un tube, une femme peut suffire à fournir de la semence à deux charrues traînées par des bœufs, labourant à la suite l'une de l'autre dans le même champ. On doit éviter de mettre plus de deux à quatre pouces de terre sur les grains. On y parvient aisément en relevant la pointe du soc en conséquence.

Pour les graines très-menues qui se sèment en général sur la terre bien hersée et se couvrent ensuite le plus légèrement possible, l'ensemencement avec le semoir ne sera par moins aisé que pour les céréales, malgré qu'on n'ait pas ici l'avantage de pouvoir suivre des rayons tracés à l'avance. Il suffira de mêler les graines avec du plâtre ou de la chaux en poudre, dont la couleur tranchera avec celle de la terre et on laissera les intervalles que l'on voudra, attendu qu'en tournant les tubes, on rapproche ou on écarte les lignes.

Si l'on a un rayonneur, il servira très-avantageusement dans le cas dont il s'agit; on tracera les raies à volonté, de manière à ce que la roue du semoir se rencontre toujours dans l'une de ces raies et le travail se fera alors aussi bien que celui des céréales.

Dans le cas où l'on trouvera que l'ouverture des tubes est trop grande à leur extrémité, et où l'on voudra la réduire, pour que les grains, et surtout les graines menues, s'éparpillent moins en tombant sur la terre, il sera facile de réduire cette ouverture au moyen d'un bouchon dont l'un des bords aura une échancrure proportionnée au but qu'on se propose. L'on aura l'attention de placer le bouchon de manière que l'échancrure se trouve en bas du côté de la roue, afin de faciliter la descente des grains, et d'éviter leur entassement dans le bout des tubes.

De même, quand il s'agira de semer une petite quantité de ces graines menues, on les empêchera de s'éparpiller sur le fond de la caisse, en y introduisant de petites planchettes de bois mince formant des cloisons divisoires pour diriger ces graines sous les brosses, qui les feront descendre dans les tubes. Voici la figure de ces planchettes, que chacun pourra faire et placer au besoin, en les fixant avec de petits coins ou des clous d'épingle.

J'aurais pu, dès le principe, dispenser le semeur de tenir la main à la manivelle de la broche-brosse, au moyen du mécanisme du tourne-broche, mais ayant reconnu et signalé que les poulies, les cordes, les chaînes de tous les anciens semoirs sont en très-grande partie les causes qui en ont rendu l'emploi si rare et si difficile, je m'en étais abstenu. D'ailleurs, j'ai voulu donner un outil très-peu coûteux, et je tenais à ma promesse.

Cependant, des personnes dont l'opinion est du plus grand poids à mes yeux, ont soutenu qu'en m'en rapportant entièrement à l'attention du semeur et à sa bonne volonté, je restais exposé à ce qu'il laissât des clairières en marchant sans tourner la manivelle, ou même qu'en tournant tantôt lentement, tantôt vite, sans changer sa marche, il ne mît trop ou trop peu de semence dans le rayon ; enfin, dit-on, le mouvement de rotation de la main est fatigant et même ennuyeux pour un ouvrier qui ne prendrait aucun intérêt à la régularité et au succès de l'opération ; sa marche au surplus sera plus assurée et plus prompte, s'il n'a qu'à contenir le semoir par les deux anses des côtés de la caisse, considération très-importante dans un service qui exige une certaine application.

Déterminé par ces raisons, j'ai adopté une disposition avec laquelle on peut à volonté appliquer au semoir le mécanisme desiré, ou continuer à se servir de la main pour faire descendre la semence.

Mon procédé consiste dans deux poulies placées, l'une à côté de la roue qui supporte le semoir, l'autre à l'une des extrémités de la broche-brosse, et dans une chaîne passant dans la gorge des deux dites poulies. (*Voir la figure n°.* 3.)

La poulie de bas ayant quatre pouces de diamètre au fond de la gorge, et celle de haut deux pouces ; celle-ci fait deux tours tandis que l'autre n'en fait qu'un : par cet ordre, si la roue du bas du semoir a dix pouces de diamètre, elle parcourt dans chacun de ses tours une ligne de trente pouces ou deux pieds et demi, c'est-à-dire, la longueur du pas d'un homme de taille ordinaire. Admettons maintenant que nous allons semer du blé moyen et que nous voulons mettre cinquante grains dans l'espace de ces trente pouces de terrain en ligne droite, nous n'avons qu'à tirer la coulisse en conséquence, c'est-à-dire, jusqu'au deuxième trou. Je règle de même, et presque sans aucun tâtonnement, l'ensemencement des graines les plus menues comme celui des plus grosses.

L'on sait que les champs ne sont pas en général, tellement nivelés ou homogènes, qu'il ne soit nécessaire quelquefois de mettre plus de semence dans les parties basses, par exemple, qui gardent l'eau, que dans les autres parties : dans ce cas, le semeur tirera momentanément un peu la coulisse, et il la remettra au point primitif après avoir passé l'endroit creux.

Comme ce dernier appareil est accessoire, quand il s'agira de semer les betteraves, les maïs, les féverolles, les pois, les haricots, qui ne se placent en terre que par intervalles, et non en trainée continue, comme les blés, après avoir ôté la chaîne, on mettra la manivelle à main au bout de la broche-brosse, et l'on fera tomber la semence par intermittences.

L'on juge aisément que l'addition de ce mécanisme a occasionné des dépenses nouvelles : pour m'en couvrir, je suis obligé d'augmenter de 10 francs le prix de chaque semoir, tant en ferblanc qu'en cuivre, quel que soit le nombre des tubes.

Voici un cas qui se présentera quelques fois quand l'on se servira d'un semoir à plusieurs tubes : parvenu à l'extrémité latérale du champ, opposée au côté par où l'on a commencé, il ne restera pas juste autant de rayons que le semoir a de tubes; alors, si l'on répugne à laisser tomber encore de la semence dans le même rayon qui vient d'en recevoir, on pourrait, après avoir ôté le prolongement du tube superflu, empêcher la sortie du grain en fermant le bout dudit tube au moyen d'un bouchon de liége, etc., etc.

Cependant, persuadé d'avance que généralement les semeurs trouveraient cette manœuvre peu commode et un peu longue, j'ai cru devoir faire encore à mon instrument une addition dont je pense que l'on sera satisfait ; ce sont des plaques-coulisses accessoires, disposées pour toutes les circonstances de l'ensemencement. Ainsi, pour le cas dont il s'agit, on n'aura qu'à ôter la plaque-coulisse qui a servi jusqu'au point où l'on se trouve, et à mettre à sa place celle qui convient, en ayant l'attention de tenir, pendant ce changement, le semoir relevé pour que la semence ne s'échappe pas de la caisse par les passages qui sont ouverts. Autre cas; après s'être servi du semoir à trois tubes pour semer du blé dans des rayons espacés, selon l'usage, de 6, 7, 8, 9 pouces, veut-on semer des betteraves ou d'autres graines en lignes écartées de 18 à 20 pouces? On prend la plaque-coulisse qui a seulement deux ouvertures, et on la met à la place de celle qui en a trois ; alors, comme les deux passages des extrémités sont les seuls qui puissent s'ouvrir, il ne tombera de la semence qu'à la distance désirée. Enfin, s'il s'agit de semer avec un seul tube, on emploie la coulisse qui n'a qu'une ouverture. De même du semoir à 5 tubes, lequel versera de la semence dans 5, dans 3 ou dans un seul rayon, selon la plaque dont il sera garni. Je suppose que cette semence sera propre et bien nétoyée comme elle doit l'être.

Ces diverses plaques-coulisses accompagnent les semoirs, retenues dans des brides placées au-devant de la caisse.

De cette faculté d'ôter des tubes ou d'empêcher la semence d'y passer, il résulte à toute rigueur que lorsqu'on possède un semoir à cinq tubes on peut l'employer comme s'il n'en avait qu'un ou trois. Il en est de même de celui à trois tubes qui peut se réduire à deux et à un. Ce dernier semoir sera sans doute le plus demandé, puisqu'il est le plus commode, qu'il n'exige point la force d'un homme et que deux de ces outils, dans les mains de deux femmes ou de deux jeunes garçons, ensemenceront au besoin, dans un jour, dix à douze arpens de terrain, c'est-à-dire autant que l'on peut en attendre dans la grande culture, d'un bon semeur, jetant la semence à pleine main. Cette considération ne m'empêchera pas de tenir toujours, à la disposition des demandeurs, des semoirs à un et à cinq tubes.

Si l'on sème du blé chaulé, l'on aura l'attention de laver à l'eau fraiche la broche-brosse, que l'on peut ôter et remettre à volonté, et de l'essuyer tous les soirs en revenant du champ, c'est le moyen de conserver les crins pendant plusieurs années.

Il n'est pas inutile de rappeler ici que les semeurs sont à l'abri de la poussière des grains chaulés qui leur cause jusqu'ici, comme on ne le sait que trop, de graves incommodités (14).

Si la pluie vous a surpris au champ, il sera bon d'essuyer le semoir en rentrant à la ferme. Il durera plus longtemps.

Dans ma troisième publication, du 15 février 1830, j'ai dit qu'on pourrait mêler les engrais dans la caisse du semoir avec les graines et les grains. Si l'on voulait en user ainsi, il serait de toute nécessité que ces engrais fussent bien pulvérisés et bien secs. On aura la même précaution si l'on veut mêler du sable ou de la terre avec les graines fines, carotte, oignon, colza;... ou avec la betterave, les pois, le maïs et autres, qui se sèment très-clair et presque un à un. Dans ce cas on lavera la brosse comme je viens de le dire.

On a vu que les sarclages sont l'accessoire et le complément de ma méthode. Je devais donc m'occuper de rendre cette opération simple, facile et peu coûteuse, surtout pour les pays de grande culture où les bras sont rares. J'y suis parvenu an moyen de l'instrument dont j'ai parlé, que j'ai appelé *sarcloir à dents mobiles*. Mon sarcloir, dont le dessin est ci-joint, a quelque chose de la forme d'une brouette ou d'une râtissoire à roue. En-deçà de la roue est une tête de râteau ayant trente pouces de longueur traversée de dix-deuf trous. On introduit dans ces trous de longues et fortes chevilles de fer, en tel nombre que l'on veut, et on les fixe à la hauteur nécessaire, moyennant des vis de pression dont la tête est percée, pour qu'on puisse les tourner facilement à l'instar des clés d'un bois de lit, avec un morceau de fer en S. (Voir la figure 4).

Toutes les chevilles montant ou descendant à volonté, ou bien s'ôtant ou se mettant de même, donnent à un homme la faculté de sarcler les intervalles des rayons sans endommager les tiges des bonnes plantes, surtout si le rayonnage a été fait régulièrement lors de l'ensemensement. Une petite caisse en bois attachée à la charpente, est destinée à recevoir les chevilles superflues ou toutes même lorsqu'il s'agit de conduire le sarcloir au champ ou de l'en ramener. (15)

Les dimensions de mon sarcloir sont, comme on le voit, porportionnées à la force d'un homme. Je n'ai pas voulu qu'il fut traîné par une bête de somme, laquelle aurait endommagé les tiges des bonnes plantes, sinon dans le cours de la ligne droite des rayons, du moins aux extrémités du champ en tournant aux forrières ou contours. Si un homme seul embrasse moins de terrain, j'économise le cheval et la personne qui aurait dû le guider, et l'avantage est certainement de mon côté. Un homme sarclera à la fois, et binera même, un, deux ou trois rayons dans chaque passage, et travaillera un arpent, un arpent et demi, et jusqu'à deux arpens et demi dans sa journée, selon que la terre sera plus ou moins douce, et qu'il y aura plus ou moins de mottes ou de pierres, et son travail sera régulier autant que le comporte la nature de l'outil et le but qu'on se propose; car il ne s'agit pas de labourer la terre à une grande profondeur, de buter fortement les blés, mais seulement d'arrêter, en les arrachant ou en les coupant, ou enfin en les renversant, la végétation des herbes parasites et de favoriser à leurs dépens les bonnes plantes.

J'ai préféré les chevilles carrées perpendiculaires à des lames tranchantes horisontales, 1° parce que les premières entrent plus profondément et travaillent mieux la terre; 2° parce que l'ouvrier ne prend pas autant de peine et ne peut jamais être arrêté par aucun obstacle, et qu'enfin si l'une des chevilles vient à se casser, elle est de suite remplacée par l'une de celles qui sont en réserve dans la boîte.

Les dents étant écartées l'une de l'autre de deux pouces à peu-près et grattant la terre à environ deux pouces de profondeur, les mauvaises herbes auront été en général atteintes ou tellement dérangées qu'elles languiront sensiblement. Les bonnes plantes au contraire qui auront non-seulement été épargnées dans l'opération, mais qui encore en auront acquis un nouveau degré de force végétative, s'élèveront, et leurs fanes plus vigoureuses étoufferont leurs voisines incommodes. Dans les pays de grande culture l'on fait passer, en général, au printemps, la herse sur les blés, surtout sur les avoines, et cette opération leur est très-favorable; que pourrait-on craindre du passage du sarcloir qui fera mieux que la herse, sans le piétinement des chevaux? Deux pieds liés ensemble au moyen d'une traverse, attachés avec des charnières au-dessous des deux mancherons du sarcloir et s'abaissant, conséquemment, ou se relevant à volonté, facilitent le travail du sarcleur et lui permettent de se reposer au milieu de sa course comme s'il conduisait une simple brouette. Si l'on passe le sarcloir dans un champ, deux fois de suite, ou à deux époques différentes, il sera bon de changer de direction; par exemple, si l'on à donné le premier sarclage en allant du midi au nord, lors du second on ira du nord au midi. Par ce moyen on pourra mieux atteindre au deuxième passage les herbes qui auront été épargnées, dans le premier, et la superficie de la terre en sera mieux travaillée.

Le sarcleur pourra pousser l'instrument devant lui, le tirer en marchant à reculons, ou le faire aller et venir, selon sa commodité. Comme toutes les dents sont à sa disposition, il en laissera trois ou deux ou même une pour chaque intervalle, selon l'état de la terre et la difficulté du travail, par rapport aux pierres, etc. On sait qu'il ne faut pas sarcler quand la terre est mouillée et grasse.

Il est aisé de concevoir que le sarcloir fonctionnera dans le temps, avec d'autant plus de facilité et de précision, que les rayons auront été tracés plus droits et que les intervalles entre les lignes, seront plus égaux. Il est donc essentiel que le laboureur s'attache à bien aligner et espacer ses traits de charrue, à l'époque de l'ensemencement et que de son côté le semeur verse la semence dans le centre des rayons au fond des augets : au surplus la roue du sarcloir, comme celle d'une brouette, obéissant à l'action de l'ouvrier qui la pousse ou qui la tire vers lui, quand même les rayons présenteraient des sinuosités, le sarcleur pourrait les suivre sans endommager les bonnes plantes, pour peu que les intervalles entre ces rayons soient parallèles (16).

Dans les pays où l'on n'a pas encore adopté la herse pour couvrir les grains, dans les terres légères et sabloneuses ou bien préparées, exemptes de grosses mottes et de grosses pierres, le sarcloir pourra rendre encore de grands services : on l'emploiera, si l'on veut, au lieu d'un râteau à main pour couvrir les grains après le semoir qui les a versés, en le faisant courir dans la direction des rayons ; alors le sarcloir restera garni de toutes ses dents, ou si l'on en ôte de deux une, ce ne sera que pour rendre le travail de l'ouvrier plus aisé.

Dans ces mêmes pays où l'on n'a pas la herse, une femme, avec un râteau à dents de fer et long manche, peut aisément couvrir en même temps les grains qui viennent d'être versés dans trois rayons ou augets. Elle marche dans le quatrième et comble en poussant ou en tirant la terre, tantôt avec le dos, tantôt avec les dents de son outil, les trois augets déjà garnis qui sont à côté d'elle.

On voit d'après cela que deux femmes, munies l'une du semoir à trois tubes, l'autre du râteau, qu'elles peuvent échanger à volonté, complètent seules l'opération, jusqu'ici si chanceuse de l'ensemencement en mettant ainsi en sûreté spontanément les grains confiés à la terre.

Je déclare que je me suis très-bien trouvé du râteau tenu comme je viens de le dire. Son emploi n'est pas plus cher et ne demande guère plus que le temps nécessaire pour un bon hersage, il ne dérange aucunement les grains placés en ligne, les couvre également sans les fouler, les met de suite à l'abri des atteintes des pigeons, etc., et ne me laisse pas dans l'incertitude de la pluie ou du beau temps.

Un semeur exercé parcourt dans sa journée jusqu'à douze arpens, en y jetant à pleine main douze mesures de blé ; mais si ce blé n'est pas réparti, déposé et couvert en temps opportun et dans des proportions favorables, la plus grande partie ne produira rien. Aussi, après avoir jeté ces douze mesures, on en récolte 48, 60 ou 72, à raison de 4, 5 ou 6 par arpent.

Au lieu de cela, placez quatre de ces mêmes mesures de blé sur les douze arpens dont il est question, couvrez-les convenablement, et elles vous en rendront 80 à 100 mesures, puisqu'une seule aura donné 25, 30, 35 semences d'un grain pur et bon pour semer l'année suivante.

Si j'ai su exprimer suffisamment ma pensée, l'on a vu l'avantage de l'ensemencement économique par rayons et des sarclages facilement répétés : l'on a reconnu que la terre s'effrise à peine, attendu les intervalles laissés entre les lignes des grains débarrassés du voisinage des mauvaises herbes ; enfin l'on est convaincu qu'il faut moins d'engrais et presque point de jachères, pour entretenir ou augmenter la fertilité des champs ; il ne me reste qu'à faire des vœux pour l'adoption de ma méthode et à en montrer les dernières conséquences.

A ne considérer que le bénéfice net en argent immédiatement réalisé, et sans parler de la grande réduction des jachères, il est évident qu'une exploitation quelconque rendra un tiers en sus au moins de ce qu'elle donnait antérieurement, puisque la valeur seulement de la semence économisée outrepasse de beaucoup cette proportion.

Les cas fortuits occasionnent des diminutions plus ou moins importantes dans les produits ; la grêle détruit quelquefois toutes les récoltes ; dans ces cas même, la perte sera moins accablante, lorsqu'au lieu d'avoir tiré du grenier 60 setiers de grains pour la semence, on n'en aura tiré que 20 setiers, la réserve soutiendra la famille jusqu'à la saison suivante.

La mendicité, que l'on cherche vainement à détruire depuis des siècles, disparaîtra ou sera sensiblement diminuée, par le fait de l'aisance du propriétaire ou du fermier, qui seront en position de donner du travail à tant d'individus qui en manquent, surtout après les mauvaises années ; ils ne les nourriront pas de leur pain, comme en 1828 (17).

J'ai dit et je m'arrête : que l'on examine ma méthode, mais que l'on ne la rejette pas sans l'avoir essayée, ne fût-ce qu'en petites expériences (18).

On peut se rappeler que dans mes premiers prospectus, touchant mon semoir, j'annonçai que j'abandonnais le tiers des dommages-intérêts, auxquels les contrefacteurs pourraient être condamnés, à ceux qui les auraient fait connaître : je renouvelle ici cet engagement.

De même, dans le désir de faire jouir le plutôt possible les diverses localités des avantages attachés à l'usage de mon semoir, surtout depuis son perfectionnement, je renouvelle ici l'offre de donner toutes les facilités convenables aux personnes actives et intelligentes qui désireront traiter avec moi du droit privatif de la fabrication et vente de cet instrument, pour un ou plusieurs départemens ou arrondissemens, ou enfin de leur confier des dépôts de semoirs et de sarcloirs à des conditions avantageuses (19).

Dans ces mêmes premiers prospectus, je promis de publier la liste des personnes qui auraient acheté les 100 premiers semoirs, et de donner ultérieurement, année par année, les noms des autres acheteurs. Je remplis cet engagement aujourd'hui pour tous ceux qui jusqu'à présent ont bien voulu me seconder de cette manière dans la tâche difficile et pénible que je me suis imposée (voir à la fin); puissent-ils y trouver un témoignage de ma reconnaissance, et puisse l'exemple donné par eux, déterminer tant d'autres personnes qui mettent au premier rang de leurs jouissances, celle de contribuer à l'amélioration, à la prospérité de l'agriculture!

Il est doux, il est beau d'être le bienfaiteur, le Triptolême de sa contrée!

Une ère nouvelle a commencé, de barbares préjugés ont enfin cédé la place à la saine raison, le premier des arts, le plus nécessaire, celui sans lequel les autres n'existeraient pas, n'est plus négligé, dédaigné... comme il le fut autrefois dans cette France que l'on appelait cependant le jardin de l'Europe.

Des savans qui auraient brillé dans toute autre carrière, se sont consacrés tout entiers à la science agronomique, et en consignant périodiquement dans des ouvrages aussi sagement pensés qu'élégamment écrits, les résultats de l'observation théorique et de la pratique expérimentale, ils ont placé l'agriculture au rang élevé qu'elle aurait du occuper de tous les temps, si la considération se fut mesurée sur l'utilité et sur l'importance des choses.

Des institutions dirigées par des hommes éminemment recommandables, transmettent cette science à des élèves pleins d'émulation qui la perpétueront en la propageant dans les diverses contrées.

Chaque jour, l'on se pénètre d'avantage de cette vérité, que les baux de 9 ans sont trop courts pour décider le fermier à tenter des améliorations dont les bons effets ne tourneraient pas, peut être, au profit de celui qui les aurait exécutées. De toute part l'on demande que la durée de ces baux soit étendue à 18 ans, et tout porte à croire que ce vœu sera prochainement accompli par les grandes administrations et par les propriétaires mieux instruits de leurs propres intérêts.

Pour hâter encore les effets de ces heureuses dispositions, sont venus les concours agricoles, ces réunions pacifiques, nombreuses et brillantes où les sommités sociales se plaisent à prendre part aux travaux des plus simples cultivateurs. Là, la charrue ornée de rubans et de couronnes, devient le prix du laboureur qui a triomphé dans la plus noble des luttes, et les vaincus se consolent par l'espérance d'être couronnés à leur tour, de la main des premiers magistrats. C'est dans ces solennités principalement, que tout atteste les progrès de l'esprit public qui comprend enfin que les ressources les plus assurées du pays résident dans l'agriculture perfectionnée, c'est-à-dire, dans l'ensemensement et la culture rendus plus simples, plus économiques et plus productifs qui furent pendant trente années le but de mes travaux, comme ils sont aujourd'hui l'objet de cette faible production.

NOTES.

(1) *Le Traité des assurances*, formant un volume de plus de 600 pages in-8°., dont la 2e édition a été augmentée de l'*Essai sur la statistique du globe terrestre* fut surnommé le *Manuel des propriétaires de toutes les classes*, par une commission nommée par M. le comte Montalivet sous la présidence de M. le duc de Larochefoucault-Liancourt, et considéré comme pouvant tenir lieu d'une nombreuse bibliothèque. Je continuerai de le joindre à l'envoi du semoir ou du sarcloir, moyennant qu'on ajoute 5 fr. aux prix de mes instrumens, et de cette manière il parviendra sans frais de port.

(2) J'ai cru pouvoir profiter de cette publication pour lever tous les doutes à l'égard de la formation des institutions de mutualité, en y insérant copie de la pièce qu'on va lire. Les attestations qu'elle contient donnent la mesure de mes longs et pénibles travaux, celle des erreurs dont je fus la victime, des sacrifices auxquels j'ai été condamné et de l'opinion de quelques-uns, de ceux qui furent, dans le temps, témoins de mon zèle et de ma persévérance.

« Nous soussignés, déclarons que les sociétés d'assurance, réciproque ou » mutuelle, fondées et dirigées à Toulouse. par M. Barrau, contre la grêle, » l'incendie et la mortalité des bestiaux, existaient dès 1802, les statuts » contre la grêle ayant été adoptés et mis en vigueur dans cette même » année 1802. Que ces institutions rendaient de véritables services aux » propriétaires et aux cultivateurs, et que les départemens du midi de la » France ont eu à souffrir de leur suppression ordonnée par l'avis du » Conseil-d'État, du 30 septembre 1809, approuvé le 15 octobre suivant : » nous attestons que M. Barrau a mérité et mérite des éloges pour le zèle » et le désintéressement qu'il a déployés dans ses travaux longs et utiles à » cet égard, et que les sacrifices qu'il a faits ou supportés, lui donnent de » justes droits aux bienfaits du gouvernement, soit à titre d'indemnité, soit » à titre de rémunération. »

Suivent les signatures avec les annotations particulières des signataires.

J'ajoute qu'étant assuré en 1804, je fus grêlé, et reçus en indemnité 1104 fr. 34 c., et qu'en 1806, ayant été pareillement grêlé, je reçus aussi une indemnité de 2130 fr. 64 c. Ces deux sommes me furent comptées par M. Barrau, fondateur et directeur de la société. Paris, le 30 juillet 1828.

A. Domezon, député du Gers, signé.

J'atteste aussi qu'ayant acquis un domaine assez considérable à 4 lieues de Toulouse, je m'assurai; que je fus grêlé, et que je reçus une indemnité de 1800 fr. en 1804 : je me réunis à mon honorable collègue M. Domezon, pour solliciter en faveur de M. Barrau la bienveillance du gouvernement. Paris, 30 juillet 1828. Hocquart, député de la Haute-Garonne, signé.

Je certifie avoir une connaissance personnelle de l'existence de la société fondée par M. Barrau; les propriétés que je possède dans la commune de l'Isle Jourdain (Gers), ayant été assurées pendant les années 1804 et 1805.

Paris, le 30 juillet 1828. Le vicomte de Panat, député du Gers, signé.

Le chevalier de Roquette, député de la Haute-Garonne, signé. Bastoul, député de la Haute-Garonne, signé. Montbel, député, signé. Le chevalier Armand Dubourg, député de la Haute-Garonne, signé. Le comte de Preissac, député de Tarn-et-Garonne, signé.

Je certifie aussi que les propriétaires du département de l'Arriége, qui ont été assurés, ont été indemnisés de la grêle. Paris, le 1er août 1828. H. Dounous, député de l'Arriége. — Je me joins à l'attestation de mon collègue M. Henri Dounous. Le vicomte de Saintenac, député. — Je certifie que mon père ayant fait assurer ses biens en 1805, il fut indemnisé d'une perte considérable qu'il avait éprouvée par la grêle, par la société d'assurance, dont M. Barrau était directeur. Paris, le 2 août 1828. Le marquis de Cambon, député de la Haute-Garonne. — Je soussigné, député du département de la Haute-Garonne, certifie les avantages dont a été dans le département l'établissement de l'assurance contre la grêle par M. Barrau, avant sa suppression par le Conseil-d'État. J'en ai éprouvé trois années de suite les bons effets, ayant reçu pour indemnité de la grêle, en 1804, 2976 fr.; en 1805, 2530 f.; en 1806, 862 fr. Total 6364 fr. Paris, le 12 août 1828. Le baron de Puymaurin, député, signé. — Je dois ajouter à ce qui est dit ci-contre, que j'ai été assuré, grêlé et indemnisé. Paris, le 31 juillet 1828. Le baron de Bubosse, député du Gers, signé. — Saint-Beauquesne, député de Tarn-et-Garonne, signé. — Le marquis d'Escayrac-Lanture, député de Tarn-et-Garonne, signé. — Duc, secrétaire de la Faculté des lettres de Paris, signé. — Descazau, signé.

Je certifie que ma mère, ayant fait assurer sa récolte en 1808, a reçu de M. Barrau, directeur de la société d'assurance mutuelle contre la grêle, une somme de 956 fr. 73 c. Paris, le 10 août 1828. Roussillou, receveur principal des canaux.

Je certifie que les établissemens d'assurance mutuelle fondés par M. Barrau existaient à Toulouse dès l'année 1802, et qu'ils produisaient d'heureux résultats. Signé Marty-Mamignard, rue de Rivoli, n° 34, à Paris.

Je certifie que mon père fut membre et président de la Société d'Assurance fondée et dirigée par M. Barrau, et qu'ayant été grêlé en 1808, septième année des établissemens, il reçut une indemnité de 1,201 fr. 18 c. Paris, 11 avril 1833. Bastide d'Izar, député, signé.

Je déclare avoir été l'un des propriétaires assurés par la Société fondée par M. Barrau...... L. Milan, avocat, signé.

Je déclare..... Barada, député du Gers, signé. — Je soussigné, député de la Haute-Garonne, déclare que les faits énoncés en tête de la présente pièce. relatifs aux sociétés d'assurances fondées par M. Barrau, à Toulouse, sont véritables, et qu'il a toujours déployé beaucoup de zèle pour l'amélioration des procédés agricoles dans notre département. Le général Pelet, signé.

S'il fallait d'autres témoignages après ceux qu'on vient de lire, je pourrais reproduire un très-grand nombre de pièces officielles qui sont insérées dans le Traité des Assurances, page 516 et suivantes. Je me borne à trois citations : 1° lettre de M. le comte Chaptal, ministre de l'intérieur, du 1er juillet 1801, qui applaudit à mes travaux; 2° extrait du procès-verbal de la séance du corps législatif du 27 avril 1802, qui ordonne la mention honorable des pièces que j'avais adressées; 3° délibération du conseil-général du département de la Haute-Garonne, en date du 3 avril 1805, qui se termine ainsi : « Arrête, le rapport sur les heureux effets, dans ce département, du Bureau » d'assurances contre la grêle, sera mis sous les yeux de S. Exc. le ministre » de l'intérieur, qui sera supplié de faire accorder à M. Barrau la récom- » pense honorable que S. M. décerne au génie et aux talens, etc., etc. »

(3) On peut voir au conservatoire des arts et métiers de Paris, le nombre immense de modèles de semoirs qui avaient paru jusqu'à 1829. Depuis mes publications, de nouveaux inventeurs se sont mis sur les rangs; il en est qui ont pris des brevets pour des machines qui se rapprochent beaucoup de celles du conservatoire par les trémies, les contre-creux, etc., etc.; je n'en suis pas fâché, au contraire, je m'en réjouis, puisque leurs effors prouvent que j'ai eu raison de me livrer à mes recherches; j'ai même la confiance que les instrumens récemment annoncés, tant par rapport à leur prix élevé, aux travaux préparatoires que leur emploi rend nécessaires, qu'à cause de la difficulté de les faire fonctionner, de les préserver des accidens auxquels ils sont exposés par leur forme et leurs dimensions, et à les remettre, au besoin, en état de service, ne serviront qu'à faire mieux

apprécier la simplicité et les autres avantages des miens, et à accélérer leur adoption, en démontrant encore de plus en plus la supériorité de l'ensemencement économique et par rayons, que je recommande.

(4) Mes premières expériences économiques remontent à 1804.

Je vais rendre compte d'une opération pratiquée au mois d'octobre 1805, sur mon domaine, situé à deux lieues de Toulouse.

Je fis travailler à la profondeur de quatorze pouces, un espace de terre de soixante-dix-huit pieds de longueur, sur cinq de largeur ; on ouvrit en travers de cette planche, à la distance de trois pieds l'une de l'autre, dix-neuf tranchées de diverses profondeurs, et je mis au fond de chacune cent-cinquante grains de blé en forme de traînée : observons l'outil dont je me servis pour ce premier ensemencement, ce fut une canne de roseau, percée d'outre en outre et surmontée d'un entonnoir à gorger la grosse volaille, les grains en sortaient avec assez de régularité ; mais ce n'était qu'en donnant une saccade à la canne, ou en la frappant de la main avec une certaine mesure à cause des nœuds du roseau.

Sans désemparer, les grains furent couverts et les tranchées comblées avec la même terre qui en avait été tirée. A la surface du sol je fis une dernière trainée, également de cent cinquante grains qui ne furent nullement recouverts.

La planche entière fut ensuite nivelée avec le râteau et abandonnée enfin à tous les accidens des météores, des oiseaux, des insectes, etc.

Le tableau ci-après présente le résultat de cet ensemencement ainsi varié.

Numéros des tranchées et des traînées formées aves les 3,000 grains.	Profondeur des tranchées et position des 150 grains semés par tranchée.	Grains levés dans l'intervalle de quelques jours.	Nombre des épis à chaque tranchée.	Nombre des grains recueillis à chaque tranchée, dans la proportion de 15 à 25 pour chaque épi.	OBSERVATIONS.
1re	12 pouces.	00	00	00	
2e.	11 id.	00	00	00	
3e.	10 id.	00	00	00	
4e.	9 id.	00	00	00	
5e.	8 id.	00	00	00	
6e.	7 id.	00	00	00	
7e.	6 id. 1/2.	00	00	00	
8e.	6 id.	5 grains.	53	653	
9e.	5 id. 1/2.	14	140	2,520	
10e.	5 id.	20	174	3,813	
11e.	4 id. 1/2.	40	400	8,000	
12e.	4 id.	72	720	16,560	
13e.	3 id. 1/2.	93	992	18,832	
14e.	3 id.	125	1,417	35,484	
15e.	2 id. 1/2.	130	1,560	34,320	
16e.	2 id.	140	1,593	36,480	
17e.	1 id. 1/2.	142	1,610	35,423	
18e.	1 id.	137	1,461	35,072	
19e.	1/2 id.	64	529	10,587	
20e.	à la surface.	20	107	1,600	
	TOTAUX......	1,002	10,756	239,344	

On voit que de trois mille grains ainsi mis en terre, mille deux seulement levèrent et que mille neuf cent quatre-vingt-dix-huit grains qui avaient été placés à une trop grande profondeur, ne produisirent rien. Que ceux qui avaient été laissés à découvert donnèrent très peu. On voit aussi que les grains qui réussirent rendirent, terme moyen, deux cent quarante grains chacun, enfin on remarque que ceux qui produisirent le plus furent ceux qui avaient été couverts de un à quatre pouces de terre et que si les trois mille grains avaient été placés dans les mêmes conditions, la production eût été énorme; il n'y aurait pas eu moins de sept cent mille grains en récolte!

Il me semble qu'un pareil résultat peut être considéré comme concluant quant à la position la plus favorable pour les grains que l'on sème et encourageant pour l'ensemencement économique et par rayons.

Les luzernes et les autres plantes fourrageuses, et toutes celles qu'on appelle sarclées, prospèrent aussi, disposées de la même manière, en lignes plus ou moins espacées; je m'en suis convaincu.

J'ai aussi reconnu, en semant quelques grains de blé dans des vases de verre par la quantité immense des racines traçantes, par l'espace qu'elles occupent et par leur tendance à s'étendre contre les parois des vases, combien il est vrai que les grains semés dru s'affament entr'eux.

(5) Dans le numéro du mois de mars 1833 du Journal des Connaissances utiles, page 82, on a dit que j'employais les deux tiers de la semence ordinaire; il est constant néanmoins que je ne mets avec mon semoir que le tiers de ce que le semeur jette dans l'ensemencement fait à la volée et à pleine main. Mon économie est donc des deux tiers de la semence usitée.

Réduisons cette économie à la moitié : qu'une femme, avec le semoir à trois tubes, ensemence dans sa journée trois arpens; elle n'y mettra qu'un setier et demi de blé, au lieu de trois. Or, le setier vaut 30 fr., voilà donc un profit clair de 45 francs, et ce semoir n'a coûté jusqu'ici que 35 francs!

(6) Mon semoir et ma méthode sont peut-être plus profitables pour les mauvaises terres, et celles où l'on ne peut porter que peu ou point d'engrais et où cependant l'on est dans l'usage de jeter encore plus de grain que dans les autres. On serait frappé d'un pénible étonnement si je présentais ici les résultats de la culture dans une très-grande quantité de ces terres, qui ne rendent pas, quitte et net, la valeur d'un hectolitre de grain par année, en tenant compte du temps où elles se reposent en jachère et du mince produit qu'on en obtient lorsqu'on les ensemence. Je ne cesserai de le répéter parce que c'est ma conviction. Economisons nos semences, gardons dans nos greniers devenus des magasins d'abondance qui ne coûteront rien à l'état, ce que nous jetons en pure perte, mettons en valeur des terres, qui jusqu'ici ne produisent point, nos consommations seront plus assurées, on mangera du pain de blé dans les départemens où il est à peine connu, et l'argent que nous envoyons au dehors pour acheter ce qui nous manquait, servira à d'autres usages profitables aux masses de la population.

On lit aujourd'hui dans une affiche sur les murs de Paris, que le septième de la France est inculte et que sur seize habitans il y a un indigent! Que mon système soit adopté et avant dix ans il n'en sera plus de même.

(7) Voici le rapport qu'a bien voulu me faire tout récemment M. Imbert, agriculteur, demeurant à Ebreuil, près de Gannat, département de l'Allier, ayant sa maison à Paris, rue de la Tannerie, n° 32.

C'est M. Imbert qui parle. « J'avais ensemencé, dit-il, avec votre semoir, « cinq arpens de terre où je mis, à la vérité, la moitié de la semence ordi-« naire au lieu du tiers que vous indiquez. J'ai recueilli en juillet dernier, « quinze setiers par arpent, tandis que les champs contigus semés, selon « la méthode ancienne, ne m'ont produit que neuf setiers, aussi par arpent. « Ce n'est pas tout, mon blé que l'on avait admiré sur le terrain à cause de « la beauté des épis, etc., m'a été acheté pour semence, cinq francs par se-« tier de plus que l'autre blé; ainsi sans compter l'économie de la semence,

« les cinq arpens dont il est question m'ont rendu en argent le double de « cinq autres arpens d'un terrain absolument pareil à tous égards.

« M. Rozier, notaire d'Ebreuil et M. Pitta ont obtenus à peu près les mêmes « avantages en se servant aussi de votre semoir. »

M. le comte d'Espinchal, maire d'Artières, près de Clermont, dès le mois de juin 1831, donnait des détails non moins satisfaisans, mais plus étendus sur l'utilité de mon semoir, particulièrement pour l'Auvergne. (Voir l'*Echo de la Halle aux Blés de Paris*, du dimanche 17 juillet 1831.)

Mes résultats s'expliquent facilement, par le grand nombre et la beauté des drageons, la qualité des épis qui sont d'un quart au moins plus longs et plus gros que ceux de la routine. Autre avantage : mes grains craignent peu le versage, l'air circulant dans les intervalles laissés entre les rangées.... opérons sur dix arpens de terre.

Selon l'ancien ensemencement, on y aurait jeté, à raison d'un hectolitre par arpent, 10 hectolitres, lesquels, à 6 pour 1 produiraient 60 hectolitres: dans ma méthode, je ne mets sur cette même étendue de 10 arpens, que 3 hectolitres, 33 litres, qui me rendent, à 25 pour un seulement, 83 hect. 25 litres; différence en ma faveur, 23 hect. 25 litres. Si j'ajoute les 6 hect. 75 litres économisés en semence, j'arrive à 30 hect. de bénéfice. Remarquons que plus la terre est bonne et en bon état, et plus mes profits sont considérables, et que là où 10 hect. en rendent communément 100, j'en ai plus de 135.

(8) Dans un mémoire lu à la Société de statistique, présidée par M. le comte Chaptal, et publié par le journal *le Temps*, des 14 et 15 juin 1830, ces produits ne sont portés qu'à 175,271,000 hectolitres, et l'on remarque même que la moitié des habitans ne mange pas de froment.

(9) Les personnes qui ont lu mon Traité des assurances, ont regretté que le plan général, par lequel je termine cet ouvrage, ne soit pas mis à exécution : il n'appartient qu'au gouvernement de le réaliser. En attendant, les sociétés particulières accomplissent, chacune pour sa circonscription, une partie des avantages infinis que procurera un jour à toute la France l'institution unique qui assurera tous les propriétaires, tous les fermiers et tous les locataires, contre tous les fléaux et tous les cas fortuits.

Observons toutefois que pour l'incendie, la circonscription peut se borner à un seul département, même à une seule grande ville, comme je le fis en 1805, pour Toulouse. Quant à la grêle, l'association doit comprendre plusieurs départemens contigus. Surtout on ne laissera pas s'établir dans la même circonscription plusieurs sociétés rivales. En se partageant par la concurrence, la masse des ressources, elles rendraient insignifiantes les garanties offertes par le système de la mutualité telle que je l'ai entendue.

(10) Indépendamment des avantages de la circulation de l'air et de la facilité des sarclages que l'on obtient par l'ensemencement en lignes ou rayons, il en est un autre dont j'ai fait l'heureuse application, et que j'ai recommandé dans ma troisième publication du 15 février 1830. A la fin d'un hiver rigoureux, l'on trouve souvent des clairières dans les champs; mais il reste encore assez de bonnes plantes pour qu'il répugne de labourer la terre et de faire un nouvel ensemencement complet au mois de mars. Dans ce cas, un ouvrier, avec un fort bâton pointu ou même ferré, fait une trace de la profondeur d'un pouce et demi environ dans la longueur des places vides, et un enfant, qui vient à la suite, verse du grain, soit avec la main, soit avec une bouteille ou même avec le semoir, selon l'étendue des clairières, et le recouvre avec son pied. S'il s'agit de regarnir un champ de blé d'automne, on met du blé de mars, etc., etc.

(11) On aura beau dire, on aura beau faire, on n'obtiendra jamais ce qu'on a l'air d'entendre par une ferme-modèle. Ce n'est pas par des établissemens de ce genre et surtout en petit nombre qu'on parviendra à vaincre la routine et à améliorer l'agriculture. L'art de rendre la terre plus fertile,

diffère de tous les autres, par l'importance de ses résultats, et encore en ce qu'il ne saurait être assujetti à des règles générales ou absolues.

Cette routine, d'ailleurs, n'est pas la même partout; les divers usages ne se sont établis que par la succession des siècles, et dans chaque pays, les raisons ne manquent pas pour les justifier. Voulez-vous perfectionner, prenez les choses et même les hommes au point où vous les trouvez et marchez sans rien brusquer vers le progrès avec ordre et persévérance.

Si les artistes les plus renommés sont ceux qui imitèrent le mieux les productions de la nature, le meilleur agriculteur est celui qui, maîtrisant cette même nature ou la secondant par des soins sagement raisonnés, force la terre à lui donner les produits les plus abondans, les plus beaux, malgré la variété infinie des climats, des expositions, des qualités élémentaires du sol, qui ne sont plus les mêmes, de département à département, de commune à commune, de métairie à métairie, et enfin de tel champ à tel champ de cette même métairie, selon les circonstances qui les caractérisent. En effet, de ces pièces de terre qui ne sont pas même souvent homogènes à d'autres égards, les unes sont plattes et retiennent l'eau, les autres sont en pente, regardant tantôt le nord, tantôt le midi, conséquemment froides ou chaudes, etc., etc. Peut-on les traiter de la même manière?

On sait l'histoire de ces agriculteurs anglais qui transportèrent en Russie leur industrie et leur capitaux : ils se ruinèrent en voulant obstinément exploiter des terres nouvelles pour eux, avec les mêmes procédés qui leur avaient très-bien réussi dans leur patrie.

Malgré toutes ces considérations, l'on a eu la pensée de créer des fermes-modèles. Examinons donc ce que, dans la véritable acception du mot, devrait être un établissement rural de cette espèce. Une ferme-modèle, si la chose était possible, devrait réunir dans son ensemble, des terres semblables par leur nature, leur exposition, etc., aux terres de la contrée où elle est située, sur laquelle se pratiqueraient tous les procédés de culture anciens ou nouveaux, et où chaque agriculteur trouverait des notions exactes et surtout praticables sur la manière de mieux cultiver sa propriété et d'obtenir de meilleurs résultats des travaux et des avances auxquels il lui est permis de se livrer dans la position où il se trouve, eu égard à la qualité de son sol, à ses moyens pécuniaires et aux autres circonstances qui lui sont particulières : car enfin, cet agriculteur, dont je parle, consentira bien à modifier jusqu'à un certain point sa culture actuelle; mais lui sera-t-il permis de renoncer à tous ses usages, de changer les élémens de son fonds de terre? de remplacer tous ses outils; d'intervertir ses assolemens, d'inspirer de l'émulation à ses ouvriers? A-t-il de l'argent en réserve pour fournir à tant de dépenses nouvelles? Hélas! il est déjà gêné!..... Il reste avec le mal qu'il a, de peur d'un plus grand mal, et toutes les fermes-modèles sont pour lui comme si elles n'existaient pas, ou comme s'il en était à cent lieues; car il n'a point d'actionnaires qui fournissent à ses frais et le relèvent de ses pertes; point de primes d'encouragement ou de rémunération, point de secours de la part du gouvernement.....

Ce que je conçois très-bien, ce que je voudrais en France, le voici :

Ce serait un établissement rural de perfectionnement, au moins par chaque département, ou mieux encore par chaque arrondissement de sous-préfecture et par chaque canton, loué et exploité pour le compte de ce département ou de l'arrondissement, ou même de la société d'agriculture.

Le domaine, ferme ou métairie dont il s'agit, se trouverait dans la position la plus centrale possible pour la commodité des agriculteurs qui auraient à le visiter.

L'on observerait de choisir pour l'établissement la localité où se rencontreraient réunies en plus grand nombre les circonstances élémentaires ou accessoires qui constituent généralement la nature du terroir, le genre d'exploitation et les espèces de produits les plus répandus et les plus usités dans le pays : les céréales, les vignes, etc., etc., les prairies naturelles ou artificielles, le colza, les bois taillis et autres, les arbres à fruits. Il en serait de même des bestiaux; on y entretiendrait des troupeaux; on y élèverait des chevaux, des bêtes à cornes, etc., toujours en cherchant l'amélioration et le perfectionnement de ce qui existe, et en tentant avec la dernière prudence et la plus grande économie, les innovations recommandées par la théorie, qui ne sont pas, on le voit souvent, préférables à une pratique sage et éclairée. Je connais plusieurs agriculteurs, fermiers d'abord et devenus propriétaires, qui ont fait, même assez rapidement, des fortunes considérables en exploitant les mêmes fermes, sur lesquelles leurs prédécesseurs n'avaient pas pu se soutenir. A la vérité ils étaient secondés par des épouses sages, prudentes et actives, et l'on sait que la maison prospère autant par les soins de l'intérieur que par les travaux du dehors.

En fait de culture, l'on ne porte pas assez d'attention aux circonstances météorologiques et autres qui ont précédé, accompagné ou suivi les opérations agricoles; c'est pour cela que l'on ne peut se rendre raison de la grande différence que l'on remarque quelquefois dans les résultats obtenus sur deux champs même contigus et homogènes à plusieurs égards.

Afin que les enseignemens du temps et de l'expérience ne soient pas perdus, et qu'au contraire ils puissent tourner au profit de l'avenir, il sera tenu sur la ferme un livre d'ordre destiné à constater les circonstances dont il s'agit qui ont pu influer sur ces résultats.

Pour rendre plus simple la tenue de ce livre d'ordre, chaque pièce de terre, chaque champ ou vigne, etc., y aura son chapitre particulier. Les pages en seront distribuées en colonnes dont la destination s'explique par leurs titres.

1° Date des travaux.	L'heure où ils ont commencé, fini, etc.
2° Espèce des travaux.	Labourage, hersage, ensemencement, sarclage, binage, récolte, etc.
3° Etat actuel de la terre.	Sèche, humide, grosses mottes, etc., friable, etc.
4° Hauteur du thermomètre de Réaumur.	Degrés au-dessus ou au-dessous de o.
5° Indications du baromètre.	Variable, pluie, etc.

(Voir pour connaître l'utilité du baromètre quant aux travaux, le Traité des Assurances, page 146.)

6° Etat du ciel.	Serein, nuageux, vent de l'est, vent d'ouest, orageux, etc.
7° Circonstances particulières.	Accidens survenus, orage, nature et quantité des engrais, provenance des semences, instrumens anciens ou nouveaux dont on s'est servi, etc., etc.
8° Observations générales et particulières.	Notes sur les résultats obtenus par les procédés divers ou par suite des circonstances forcées ou volontaires, etc.

Il ne serait pas nécessaire que les administrations qui créeraient l'établissement fissent la dépense du prix d'achat de la ferme. Au contraire, je voudrais qu'elle fût prise à loyer; de cette manière, on se réserverait d'en changer en temps et lieu la situation pour le plus grand avantage de l'institution, c'est-à-dire, pour la plus grande utilité de la contrée et pour l'amélioration successive de plusieurs localités, qui deviendraient ainsi pour cette contrée, sinon des fermes-modèles, du moins des points d'observation à la portée de tout le monde.

Il me semble hors de doute que les grands propriétaires traiteraient volontiers avec des administrations qui se chargeraient ainsi d'augmenter la valeur de leurs héritages, et que les baux ne seraient point onéreux sous le rapport du prix de location, ni des autres conditions. A la tête de l'exploitation serait placé un régisseur qui la dirigerait sous la surveillance des commissaires nommés *ad hoc*.....

Il est aisé de concevoir d'avance qu'un semblable établissement n'exige aucune mise de fonds considérable, et ne peut entraîner des pertes pour l'autorité ou pour la société qui en fera l'entreprise; car en prenant des fermes convenablement assorties en bâtimens, etc., comme l'on en trouve partout, on court tout au plus les chances communes à tous les fermiers, et l'on en connaît, je le répète, un grand nombre qui ont fait et qui font de très-bonnes affaires sans sortir en quelque sorte des usages de la vieille routine, surtout depuis qu'ils ont la faculté de se prémunir par l'assurance mutuelle contre les conséquences de la grêle, véritable fléau des agriculteurs.

Je me suis souvent fait cette question : Pourquoi n'en userait-on pas dans la gestion d'une ferme comme dans celle d'une usine, d'une maison de commerce ? Là il est tenu registre exact de toutes les dépenses, de toutes les recettes, et tous les résultats annuels sont constatés par un inventaire.

Si les cultivateurs tenaient des écritures analogues à celles des commerçans et des industriels, nul doute qu'ils ne s'en trouvassent bien. C'est peut-être, au défaut d'une comptabilité, même fort simple, qu'il faut attribuer le peu de succès, en profits vraiment réels, des agriculteurs, l'incertitude où ils sont presque continuellement sur leur position, la gêne où ils vivent en général, et le peu de crédit dont ils jouissent chez les capitalistes qui tiennent à pouvoir vérifier à volonté l'état de situation de l'entreprise à laquelle on leur propose de s'intéresser comme prêteurs ou actionnaires, et qui demandent plus de garantie que n'en offrent les baux de neuf ans.

Cette dissertation paraîtra longue à plusieurs de mes lecteurs qui n'auront pas vu les sages réflexions de M. Dombasle, sur les succès ou les revers, dans les entreprises d'améliorations agricoles; qu'ils examinent mon projet conçu depuis trente années; ils en prendront ensuite ce qui leur conviendra.

(12) Mes semoirs ont été jusqu'ici confectionnés en ferblanc. Je dus adopter originairement cette matière afin de pouvoir les livrer à plus bas prix, et de vaincre ainsi plus aisément la répugnance des cultivatenrs pour tout ce qui s'éloigne de leurs usages. Maintenant que l'expérience aura démontré les avantages de mon ensemencement en rayons, et de l'emploi de mes outils, ces mêmes cultivateurs délivrés de la crainte de perdre leur argent en les achetant, consentiront volontiers à augmenter un peu la dépense première, afin de s'assurer la durée des instrumens. C'est pour cela que j'ai résolu d'en faire établir en cuivre comme on me l'a demandé quelquefois, mais seulement pour les personnes qui les auront commandés ainsi.

Ce métal, même vieux, ayant dans tous les temps une valeur peu différente du neuf, le semoir Barrau deviendra un meuble de famille qui passera du père au fils, et lorsqu'enfin il s'agira de le changer on n'aura perdu en quelque sorte que la façon : quant au prix des semoirs en cuivre, il sera seulement du tiers en sus du prix des semoirs en ferblanc, comme on le verra plus loin

(13) Entre plusieurs manières de se fixer de suite sur la réduction de la semence à répandre, en voici une très-simple :

Je prends un champ de 3 arpens, dont la surface est assez régulière. L'on était dans l'usage d'y jeter 3 hectolitres et 3 quarts ou 375 litres de blé, et je n'en veux mettre que le tiers. Or, la charrue a tracé dans la pièce 125 rayons, il aurait donc fallu 3 litres pour chacun de ces rayons; je mets dans la caisse du semoir à 3 tubes, 6 litres de blé; je règle les ouvertures pour la descente des grains, et je marche d'un pas régulier, en tournant la manivelle de la broche-brosse, garnissant ainsi 3 rayons en allant et 3 en revenant, jusqu'aux forrières inclusivement, attendu que ces parties du champ seront ensemencées postérieurement. Si ces 6 litres ont fourni la semence pour 6 rayons, y compris ce qui sera nécessaire pour les parties correspondantes des forrières, mon économie sera évidemment des deux tiers sur la totalité du champ. Cette règle pourra servir pour toutes les espèces de semences. Au surplus, si l'on veut mettre plus ou moins de cette semence, on n'aura qu'à tirer ou à pousser un peu plus la coulisse régulatrice des ouvertures qui donnent passage aux grains et aux graines.

(14) Puisque j'ai parlé du chaulage, je dois rendre compte d'une observation relative au charbon. Cette maladie des blés, on le sait, est contagieuse en ce sens, surtout que la matière noire, due, peut-être, à quelques animalcules microscopiques, transportée par le vent, des épis déjà gâtés sur les autres épis, les infecte immédiatement, et quelquefois un champ tout entier est charbonné par l'effet de quelques premiers épis auxquels on n'a pas donné assez d'attention. J'ai obvié à la propagation du mal en coupant les premiers épis charbonnés, quelquefois peu nombreux.

Cette opération est très-aisée dans les champs semés en rayons. (Voir page 205 du *Traité des Assurances*, le chapitre XVII, *Maladies des grains*.)

(15) Il sera bon d'avoir dans cette boîte, des tenailles, un marteau et le morceau de fer contourné en S que je joins aux chevilles, afin de pouvoir facilement monter à volonté l'outil quand on se trouvera dans les champs.

(16) D'après tout ce qu'on publie sur la charrue *Grangé*, mes vœux viennent enfin d'être exaucés ! Je demandais un labourage bien fait, des rayons et des augets régulièrement tracés pour la plus parfaite exécution de mon ensemencement et de mes sarclages, et le jeune *Jean-Joseph Grangé* vient d'inventer son ingénieux système, ou appareil, qui doit réaliser ces conditions ! C'est maintenant que je puis espérer que mon semoir et mon sarcloir accompliront tout ce que je m'en suis promis.

(17) J'ai fait observer que mon sarcloir était destiné principalement aux pays où les bras sont rares : dans ceux, où la population est nombreuse et où l'ouvrage manquerait à ces bras, on pourra faire sarcler selon les anciens usages, par les femmes et les enfans, qui dans la disposition des blés par rayons, ne feront plus aux récoltes le mal qu'ils leur fesaient jusqu'ici.

(18) Voici une observation que je ne puis passer sous silence. C'est une grande erreur de la part de certains producteurs, que de redouter, par rapport aux prix de la denrée, ce qu'ils appèlent les années *trop* abondantes. L'exploitation rurale exige une portion considérable des produits bruts, qu'il est prudent de prélever avant de rien porter au marché : soit une ferme de 200 arpens, où la récolte ordinaire en céréales est de 1200 hectolitres; les prélèvemens obligés sont : 1°. pour la semence, 200 hectolitres, 2°. pour la nourriture des gens de la ferme et les dépenses en nature, comme les forgerons, etc., 100 hectolitres, en tout à prélever, 300 hectolitres.

Maintenant prenons une année médiocre où la récolte n'est que de 900 hectolitres qui valent 30 fr. l'un, et une année abondante qui a produit 1500 hectolitres, dont le prix n'est que de 20 fr. l'hectolitre. Les prélèvemens étant nécessairement les mêmes tous les ans, il reste à vendre, après la récolte abondante, 1200 hectolitres qui produisent 24,000 fr., tandis qu'après la récolte médiocre, 600 hectolitres à 30 fr. ne donneront que 18,000 fr. : différence au profit de l'année d'abondance, 6,000 fr. Ce calcul s'applique à ceux qui pourraient craindre les résultats de mon système.

(19) Dans les pays de vignoble, on voit des particuliers qui ont un pressoir banal avec lequel ils vont presser, moyennant rétribution, la vendange des vignerons peu aisés. Malgré la modicité du prix de mes outils, il se trouvera, dans bien des communes rurales, des cultivateurs qui, ne voulant ou ne pouvant en faire la dépense, n'hésiteront pas à payer à celui qui aura le semoir et le sarcloir, 2, 3 ou 4 fr. par arpent pour l'ensemencement ou pour le sarclage d'un arpent de terre. Je promets, de mon côté de fournir des facilités à ceux qui voudront faire cette petite entreprise.

Liste des Personnes qui ont acheté des Semoirs.

S. A. R. Mgr. le duc d'ORLÉANS aujourd'hui S. M. le ROI des Français.

MM.

Le duc de Montmorency, pair de France, rue de l'Université, à Paris. (1)
Fourcade, sous-intendant militaire, à Pau.
L. Milan, avocat, à Paris, rue Favart, n. 4.
Reiset, receveur-général, à Rouen.
Eugène de Bray, à Paris, rue Chaussée-d'Antin, n. 50.
Madame Roujol, à Bordeaux.
Ozanne, ex-notaire, à Paris.
Le marquis de Sassenay, pour envoyer à Rosny.
Edouard Lefèvre, commissionnaire, à Paris, rue Culture-Ste.-Catherine.
Aynaud et fils, à Lyon.
Desroziers Enault, à Moulins.
Martinière, à Bressuire.
Passy, à Gisors.
Luillier, à Paris, rue Ménars, n. 12.
Grossetière, à Avrille (Vendée).
Ch. Avrouine, receveur-général, à Vannes.
Camille Beauvais des Bergeries, rue Nazareth, n. 18, à Paris.
Le comte de Saint-Didier, à Rambouillet.
Boyard de Saint-Hilaire, à Montolon, près Courtenay (Loiret).
Potter, à Couber (Seine-et-Marne).
Collier, courrier, à Troyes.
Laffitte, à Aiguevives, pr. Mirepoix (Arriège).
Labove de Lille, à Salins.
Le comte de Chastellux, rue de Varennes, n. 25, à Paris.
Madame Prévost, marchande de graines, à Toulouse.
Le duc de Crillon, pair de France, place Louis XVI, à Paris.
Le duc de Rauzan, rue d'Anjou-Saint-Honoré, n. 6.
Le comte Juste de Noailles, pair de France, place Beauveau.
Le marquis de Mortemart, pair de France, rue Neuve-des-Mathurins.
Le comte Alex. de Laborde, député, rue d'Artois.
Mamignard, propriétaire, rue de Rivoli, n. 32.
Le duc de Talleron, rue de Miromesnil, n. 31.
Le comte Raymond de Bérenger, r. de Grenelle-Saint-Germain, n. 109.
Le comte de Chastenay Lanty.
Tronchon (André), député, à Champfleuri (Seine-et-Oise).

MM.

Le duc de Mouchy, pair de France, place Beauveau.
Bood, à Soisy-sous-Etiolles (S.-et-Oise).
De Rocquefeuille.
Le comte de l'Esparre.
Izarn, place du Louvre, n. 4.
De la Barre, rue de la Paix, n. 19.
Le comte d'Espinchal, à Clermont-Ferrand (Puy-de-Dôme).
Le vicomte Decazes, préfet, à Alby.
Larrouy, à Paris, rue de Rivoli.
Desboves, à Soissons.
Bertrand, rue des Petites-Écuries, n. 48.
Pina, rue Saint-Dominique, faub. Saint-Germain, n. 39.
Nicas, à Rigny-le-Férou (Yonne).
De Turenne, rue de Beaune, n. 5.
Arson de Rozière, à Troyes.
Le préfet, à Saint-Lo.
Le comte Destourmel, préfet, à Vesoul.
Le marquis de Malestroit de Brue, à Valette (Seine-Inférieure).
De la Guitonnière, à Issoudun.
Le comte de Montpezat, à Riez (Basses-Alpes).
Le général Mouton, à Saint-Aignan (Loir-et-Cher).
Caunet Lefèvre, à Acheux (Somme).
Guiton, rue Michel-le-Comte, n. 21.
Le marquis de Malterre, rue des Jeûneurs, n. 11.
De Rochefort, à Moulins (Allier).
Madame Bechvel, rue du Faubourg-Poissonnière, n. 25.
La Chaume, avocat, à Brives.
Porteux, négociant, à Rennes.
Marlio fils aîné, négociant, à Dijon.
Cartilet, rue Favart, n. 8.
Jacquemart.
Delorme Villedante, à Dol (Ille-et-Villaine).
Raux, à Compiègne (Oise).
Ancram, à Derval, par Rennes (Ille-et-Villaine).
Fandin, à Morges, en Suisse, canton de Vaud.
Cugniolet, membre de la société d'agriculture, à Dijon (Côte-d'Or).
Coutanceau, à Saint-Julien-de-l'Essap, près Saint-Jean-d'Angély (Charente-Infér).
Guérin d'Auzouer, membre de la société d'agriculture à Blois.
De la Rue, maire, aux Bordes, près Nangis (Seine-et-Marne).
Mondonville, à Bernières, près Nogent-sur-Seine.
Gris de Bury, près Mouy (Oise).

(1) L'on connaît le zèle philantropique de M. le duc de Montmorency pour tout ce qui est utile; qu'il me soit permis de publier ici que c'est à lui surtout, comme président du conseil d'administration, qu'est dû le grand développement de la Société d'assurance mutuelle contre la grêle pour les quatorze départemens autour de Paris, sous la direction de M. Delattre, et que cet honorable pair de France a bien voulu, dès le principe, se déclarer le protecteur de mon semoir.

MM.

Tibord du Chalard, député, à Feslins, par Aubusson (Creuse).
Duris-Dufrêne, député du département de l'Indre, boulevard des Capucines, n. 7.
Coëssin, à Sijean (Aude).
Madame d'Ozouer, à Versailles.
Le marquis de la Roche-Dragon, rue de Lille, n. , à Paris.
M. de Bray, à Toulouse.
C. Courtois, à Joncourt, par le Castelet (Aisne).
Devanfay, au Mans (Sarthe).
Chapel, maire, à Alais (Gard).
Nicolas, architecte, à Vervins (Aisne)
Madame la comtesse de Cultéja, à Beauvais (Oise).
Le marquis de Tanlay, à Tonnerre.
Hasslaoer, à Compiègne (Oise).
De Laporte, à Moirans (Isère).
Le comte d'Auberville, à Fontenay (Seine-et-Marne).
De Beaunexard, à Yères (Var).
Benjamin Deydier, à Condom (Gers).
De Grammont, rue Saint-Guillaume, n. 32,
Thibault, adjoint du maire, à Joigny (Yonne).
D'Halinghen, à Mascomme, près Hesdin (Pas-de-Calais).
Ducros, chez M. Dufrêne, rue de Vendôme, n. 3, à Paris.
Le comte de Bondy, questeur de la chambre des députés.
Prudent Voizot, passage Violet, n. 8.
Darhanpé aîné, aux Tardets, près Oloron (Basses-Pyrénées).
Duguen, rue Rameau, n. 9, à Paris.
De Moudelat, rue des Saints-Pères, n. 26.
Moulin, avocat, à Mende (Lozère)
Giuseppe Cadolino, à Rome.
Jacqueminot, à Longwi (Moselle).
Vatin, négociant, rue Neuve-St.-Eustache.
Pomier, à la ferme de Malassise, près Brie (Seine-et-Marne).
Chauvin, rue Montmartre, n. 161.
Compel, maître de poste, à Samer (Pas-de-Calais).
Richebé (Florent), à Jemmapes (Belgique).
Benoist, rue Neuve-Saint-Roch, n. 34.
Fuchs, à Moishem (Bas-Rhin).
Le comte d'Escars, rue de Grenelle-Saint-Germain, à Paris.
Armand Rousseau, maître de poste, à Angerville (Loiret).
Bonnaffé de Lance, à Bordeaux.
Barri, rue du Puits, n. 1, à Paris.
Burgraffe, à (Seine-et-Oise).
Lefèvre, à Provins (Seine-et-Marne),
Lemaire, député du departement du Nord, rue Saint-Honoré, n. 366, à Paris.
De Levacque, à Péronne (Somme).
De Wendel, rue de la Mésange, n. 16, à Strasbourg (Bas-Rhin).
Dumont, rue du Colombier, n. 22.
Pierre, directeur de l'hôpital militaire, à Toulon (Var).
Abeille, commissionnaire-chargeur, rue du Pavillon, n. 33, à Marseille.
Bonseguore, rue Dugay-Trouin.
D'Angosse, député, à Pau (Basses-Pyrénées).

MM.

Le colonel Lejean, à Marseille.
Le baron Rotschild, banquier, rue Laffitte, à Paris.
Rouchand, président du tribunal, à Bourganeuf (Creuse).
Bourbonne, avocat, rue Montmartre, n. 15.
La Société d'agriculture, à Chartres (Eure-et-Loir).
Bardin, rue du Moulinet, n. 11, à Rouen.
Brulard, régisseur de la manufacture de tabac et trésorier de la société d'agriculture, à Morlaix (Finistère).
De Clermont-Tonnerre, rue Boudreau, n. 1, à Paris.
Bayle aîné, à Clermont-Ferrand (Puy-de-Dôme).
Parel, maire de la ville, à Pontarlier (Doubs).
Verly fils, sociétaire et trésorier de la société d'agriculture, à Lille (Nord).
Parja, propriétaire, à Riom (Puy-de-Dôme).
Rozier, notaire, à Ebreuil, par Gannat (Allier).
Vuitry, à Sens (Yonne).
Chabrinier, juge-de-paix, à Béguat, par Brives (Corrèze)
Robin, secrétaire de la société d'agriculture, à Moulins (Allier).
Godin, chez M. Antoine Roque, banquier, à Brives (Corrèze).
Faure, sur le Cours, n. 115, à Toulon
De Rainneville, à Amiens.
Le comte de Tristan, rue de la Bretonnerie, n. 60, à Orléans.
Ventejoul, médecin et secrétaire de la société d'agriculture, à Tulles.
Le marquis de Béthune, rue Sainte-Anne, n. 23, à Paris.
Payan, rue Montmartre, n. 167, pour M. le maire de Dié (Drôme).
Cheverondie père, à Saint-Germain-Laval (Loire).
Guillard de Saint-Gilles, hôtel de l'Europe, à Avignon (Vaucluse).
Guerlache, rue Thévenot, n. 28.
De Beurnonville, rue du Faubourg-Saint-Honoré, n. 57, à Paris.
Imbert, à Ebreuil, par Gannat (Allier).
M. B..... principal du collége, à Chaumont (Haute-Marne).
Lucas, voiturier, à Rambouillet.
Barre, au Rouillac, par Marmande (Lot-et-Garonne).
Tessandié d'Allemans, au Rouillac, par Miramont et Marmande.
Miquel, de Lastègue, par Marmande.
Miquel, de Saint-Paul-le-Jeune, par Marmande (Lot-et-Garonne).
Le duc de Caraman, au château de Maule, par Meulan (Seine-et-Oise).
Moreau et Meneau, rue de la Gerbe, n. 5, à la Rochelle (Charente-Infér.).
Garandon de Mauban, à Livry, par Saint-Pierre-le-Moustier (Nièvre).
Le marquis d'Argens, à Claie, par Chartres (Eure-et-Loir).
Anson père, à Sablé (Maine-et-Loire).
Benoist de Pleilly, rue Saint-Martin, n. 269.
Madame Grillet, à Bourg (Ain).

MM.

Seneque, à Limoges (Haute-Vienne).
Tapié Mengau, à Narbonne (Aude).
Le comte de Mazau, à Aix (B.-du-Rhône).
De Sarrazin, rue de Lille, n. 7.
Le Normand, propr., à Issigny (Calvados).
Robert, député de S.-Etienne (Loire).
Davisard, rue Nazareth, à Toulouse.
Guillot Poumayrol, rue Vaubecour, n. 17, à Lyon.
Kesteloot, rue du Lait-Battu, n. 51, à Ostende (Belgique).
Soyer Willemet, secrétaire-archiviste-trésorier de la société d'agriculture, à Nancy.
Théry, cultivateur, à Grugies, par Saint-Quentin (Aisne).
Libersat, à Amiens.
Le comte de Tristan, à Orléans.
Fr. Bastiat, juge-de-paix, chez M. Labouroire, maître de poste, à Tartas (Landes).
Mercier d'Alençon (Orne).
Le comte de La Rochefoucault, rue Saint-Dominique, n. 100.
Louvot, administrateur des mines de la Valteuse, à Perrecy-les-Forges.
Bourgeois, à Rambouillet (Seine-et-Oise).
Quennesson, négociant, à Saint-Quentin.
Chicot père et fils, à Rochefort.
Clouet, bibliothécaire, à Verdun.

MM.

De Saint-Belin, à Epernay (Marne).
M. de Cormette, à Abbeville.
Davenne Daniel, pour envoyer à Montazeau (Dordogne).
Cambrai, mécanicien, rue Ménilmontant.
De Chastenay Puy-Ségur, à Tours (Indre-et-Loire).
Maldan, rue du Bouloi, n. 4.
M. Clément, au château de Gombault, près la Queue en Brie.
Benoît, négoc., au Pousigues, près de Nantes.
Gallemand, propriét., à Valognes (Manche).
Le comte de Macheco, à Brioude (Haute-Loire).
Labarre, à la ferme de Bonneuil, près de Ham (Somme).
Martin Capet, à Dammartin, près de Montreuil (Pas-de-Calais).
Delambre, receveur-principal des finances, à Ploërmel (Morbihan).
Bordet Giey, à Auberède, près de Langres (Haute-Marne).
De Marolles, à Douilly, près de Ham (Somme)
Beurey Château-Roux, à Fontenay (Vendée).
Ferrier, directeur des douanes, président de la société d'agriculture, à Dunkerque.
Poiret, à Arnouville, près de Gonesse (Seine-et-Oise).

PRIX
DES INSTRUMENS

	En Ferblanc.	En Cuivre.
Semoir à un tube avec les deux poulies et la chaîne...	35 fr.	44 fr.
Semoir à trois tubes, idem.	45	57
Semoir à cinq tubes, idem.	55	70

Le sarcloir se vend 45 francs.

On ajoute 3 francs pour l'emballage de chaque outil, les frais de transport restent à la charge des demandeurs qui sont priés de *bien* donner leurs adresses, et de ne pas attendre jusqu'au moment *pressé* des semailles pour faire leurs demandes.

Les lettres doivent parvenir *franco* à M. P.-B. Barrau, rue Neuve-des-Petits-Champs, n. 20, à Paris, le montant des envois doit aussi parvenir *franco*, soit en un mandat, soit en remboursement par le retour des voitures.

Il y a des Dépôts dans Paris, rue Ste.-Anne, n°. 51. Rue Richelieu, n°. 35. Au Bazar de l'Industrie, Boulevart Montmartre. A la Galerie Bouffiers, Boulevard des Italiens et rue de Choiseul.

Nota. Un exemplaire de cette brochure est joint *gratis* à tous les instrumens vendus.

De l'Imprimerie de J.-S. CORDIER fils, rue Thévenot, n°. 8.

www.ingramcontent.com/pod-product-compliance
Ingram Content Group UK Ltd.
Pitfield, Milton Keynes, MK11 3LW, UK
UKHW021035260726
13994UKWH00005B/2169